世界数学遺産ミステリー3

中国四千年数学ミステリー

パラドクスとファジィ

仲田紀夫著

黎明書房

はじめに

♪待ちぼうけ〳〵、ある日せっせと野良かせぎ
　そこへ兎がとんで出て、コロリころげた木の根っこ♬——一九二五年「子供の村」より——

この有名な童謡は、北原白秋の作詞であるが、サテ、この話の原典が、遠く中国の戦国時代、つまりいまから二千三百年前に遡る物語であることをあなたは知っているであろうか？

諸子百家の一つ、法家の『韓非子《かんぴし》』の中にある、

〝株を守りて兎を待つ〟（守株）

がそれで、「労なく兎を手にした農夫は、以来仕事をやめて株の番をし続け、人々の笑いものになった」という教訓である。この作者は、詭弁の代表語になっている〝矛盾〟——六八ページ——で有名な理論家、韓非子である。

　これと並んで有名な〝白馬は馬ならず〟は、同時代の名家の公孫竜《こうそんりゅう》による詭弁であり、これら詭弁が延々と人々の口に、また書物によって伝え続けられたことに、大きな興味がもたれるであろう。

三須照利《みすてるとし》教授——通称**ミステリー教授**——は、つねづね奇妙なパラドクス（詭弁）に凝《こ》り、これらを学生や友人、知人に投げかけて煙にまき、とまどわせて、ひそかにほくそえむ、という趣味を

もっているので、古代中国の春秋戦国時代や三国志にある理論や詭弁、戦略や戦術には大きな関心をもっていた。とりわけ、春秋戦国時代の五百年という長い期間、

「ナゼ、論理、詭弁という高度な思考法が必要とされ、しかも発展し続けたのか?」

この点に、三須照利教授の疑問追求が始まった。

そこで、まずこの時代とその前後の中国史を表にまとめてみることにし、左のような表が完成した。あなたもまた彼の疑問を、表と次のページの五つのポイントから解明してみよう。

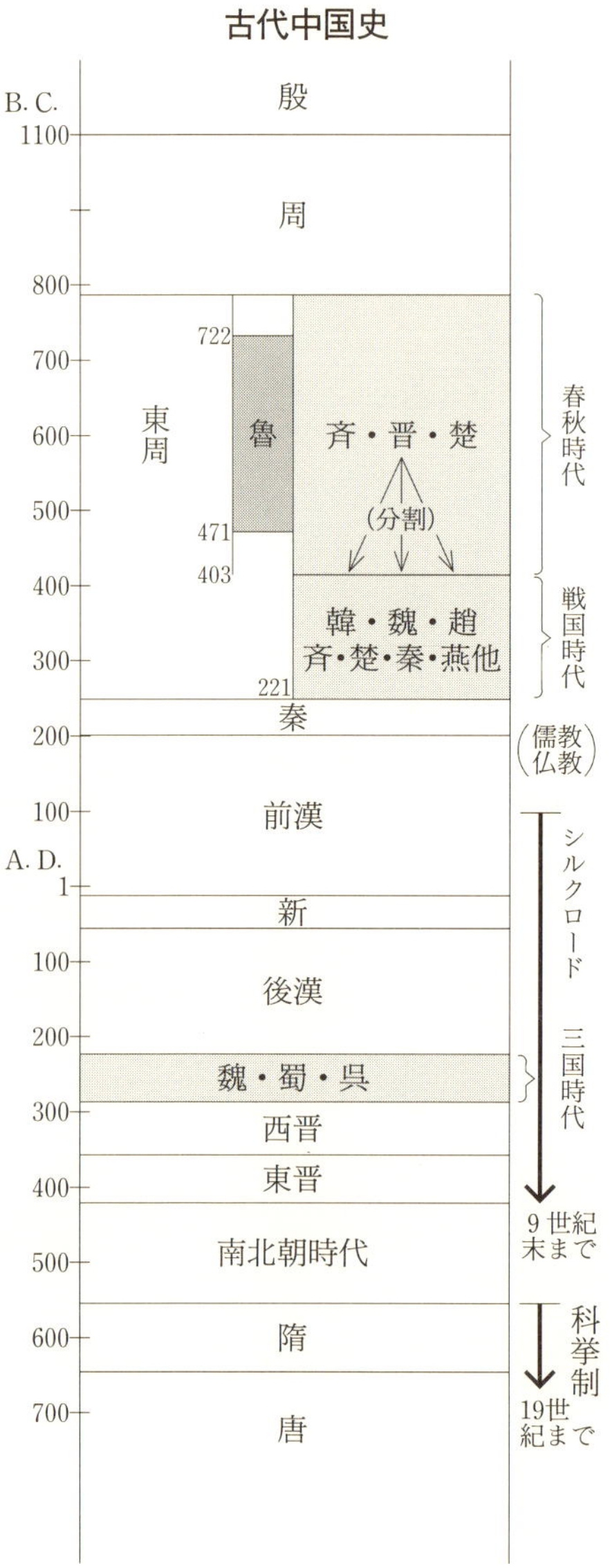

○古代中国の乱戦諸国の成立と論理の業績――その誕生経緯と後世へ残したもの
○国家統治の方法と手法の発展――王の治国に協力した賢臣たちの説得術
○戦略と戦術の意味と発達――戦争において一〇万の敵を一万の兵力で破る兵法
○儒教、仏教の役割り――人心の掌握と秩序そして統治への利用
○シルクロードの開発と文化の拡大――道路の延長と往来した物資、消えた交易都市

しかし、これらの顕著で特徴的な社会をとらえ、「それらによって論理が生まれ発展した」というような、推理や予想をすることは正しいであろうか、と彼、三須照利教授は考えた。

いま、話を転じて、同じ〝論理の民族〟である古代ギリシアの国家・社会をみてみよう。

この民族では、奴隷を除いた、徹底した**民主主義社会**、つまり平和で豊かで平等な社会であり、政治や学問などにおいて討議、討論が尊重された。そのため、論理学、弁証法、修辞学（三学）の発展は当然のことと思われる（その結果『論証幾何学』が誕生）。

一方、古代中国の土壌は、これとは全く異なる、休みない戦乱と王権の**専制主義社会**であり、ときに下剋上があり、一見〝問答無用〟で、論理が必要とされる社会とは考えられないのである。

こうした比較から、古代中国で論理や詭弁が誕生し、発展したのは、「大きな**ミステリー**である」と感じさせられるのである。しかも、その中に人心を動かす見事な教訓、諺が多い。

日本では、四世紀の大和朝廷統一以来、中国から多くの文化を移入し、同化してきたが、ほぼ単一民族の共通理解ともいえる教訓、諺の影響の大きさは驚くほどである。

これらの内容が、日本人にとって「異国の過去の物語――化石――ではなく、現代社会で教訓、諺として生活の中に生き生きと用いられ、人々の会話の中で活躍している」ということの不思議を感じるが、それは何なのであろうか。

有名な『イソップ物語』(紀元前六世紀)をはじめとする寓話や民話、伝承などの中に人々を説得、感動、善導するものが多いが、これらは長い話で語られることがふつうである。これに対して、教訓、諺は、短い文で端的に述べ、印象深く、説得力がある。これは和歌、俳句と共通点があり、余分なものをできるだけ捨象し、エキスをポンと示しているのが特徴である。そしてこれが数学の基本発想でもある。

三須照利教授が、(教訓・諺)──→(論理)──→(数学)と三者を結びつけ、次のような図にしたのは、こうした三者の共通点に目をつけたからと言える。

三題話

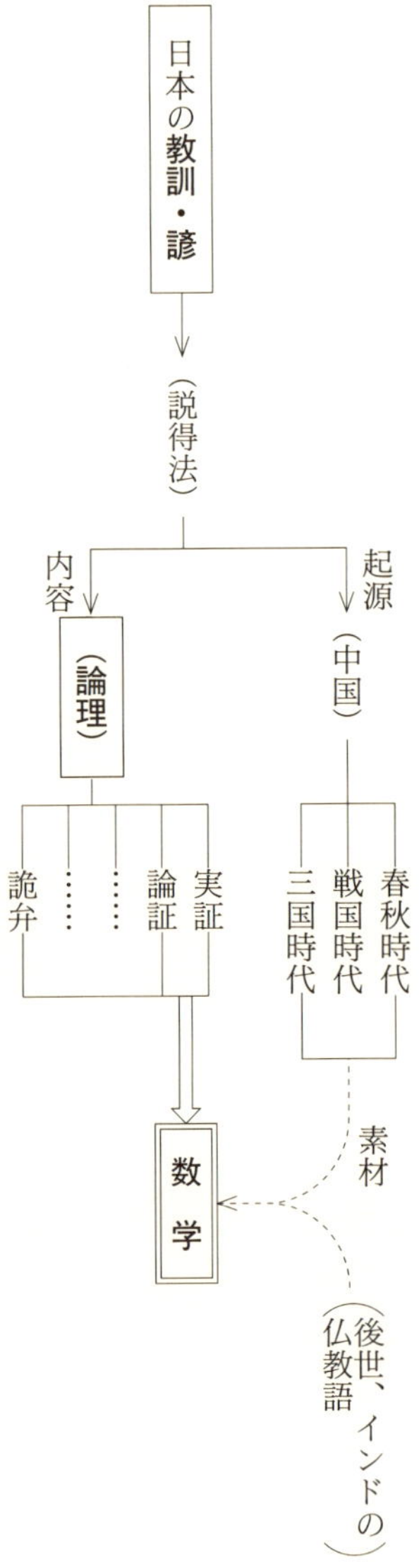

さて、〝戦略・戦術〟の語は、魏、蜀、呉の『三国志』にしばしば登場する語であり、第二次世界大戦中にも目にすることが多いもので、これは戦争とかかわる用語であることに間違いない。

しかし、現代日本の平和社会において、ある一週間ほどの新聞見出しで左のように〝戦略〟の活字が、大きくしかも多数踊っているのである。「戦争と平和！」これも何かミステリーを感じさせる。〝戦略〟も数学とは無縁ではない。本書ではこれにもメスを入れていくのである。

著者

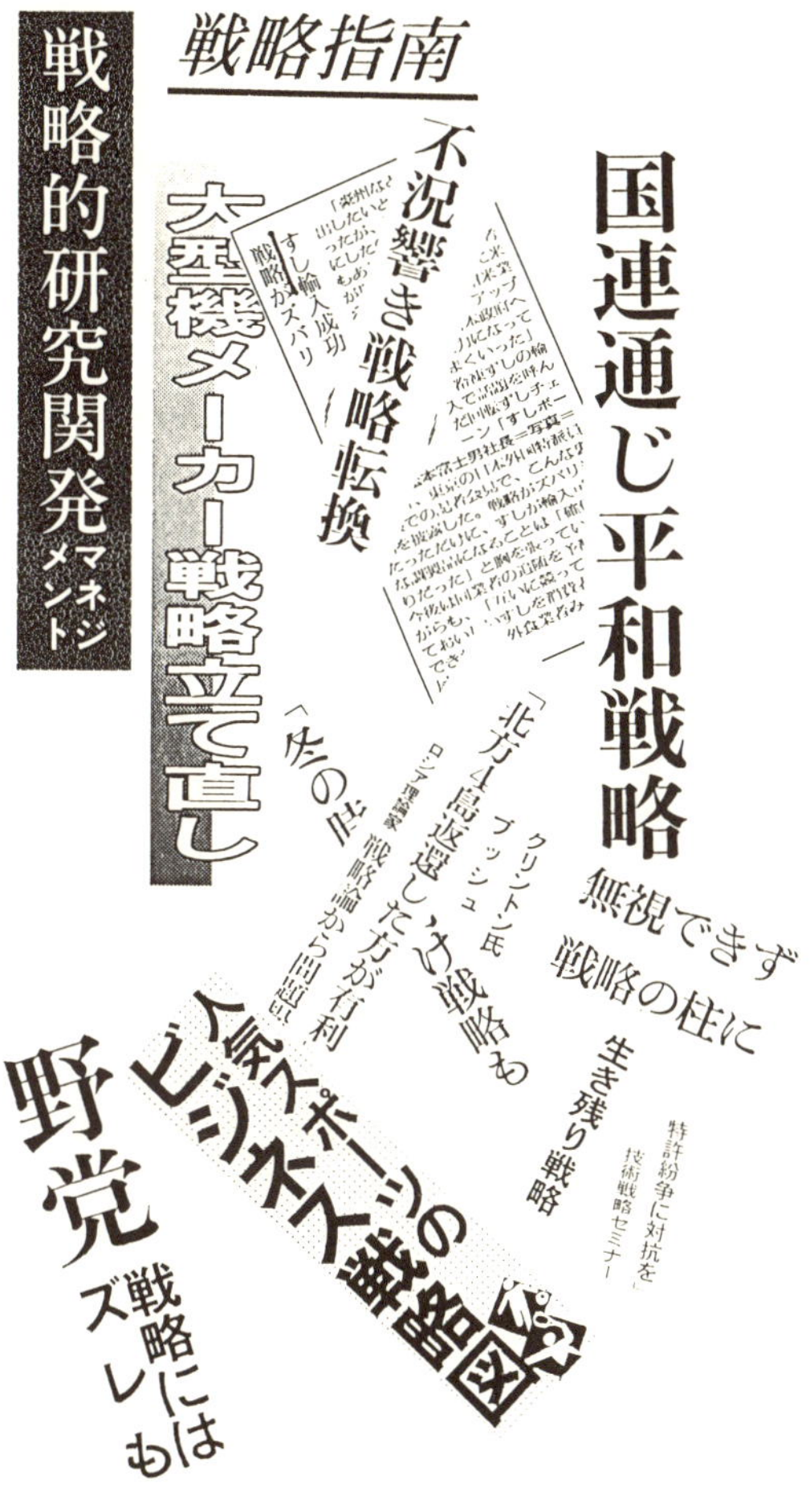

（新聞の見出し）

傍目八目

教訓・諺の分類と本書の流れ

「囲碁をしているのを、傍《かたわ》らで見ている人は、対局している当の二人より、〝八目（八手）先〞まで読める」という。これを一般問題に発展させると、物事をみるとき、目先のことにとらわれると大局を見落としたり、見誤ったりするので、少しはなれたところから、広い視野でみることが大切である、というのが傍目八目の教訓である。

本書では、随所に〝傍目八目〞のページを設け、遠目でみた話題をとりあげることにした。

傍目八目の第一歩は、本書の全体構成である。

しばしば登場するのが、教訓・諺のたぐいであり、たとえば次のようなものである。

㈠　○呉越《ごえつ》同舟　○四面楚《そ》歌　○臥薪嘗胆《がしんしょうたん》　○明鏡止水

㈡　○死馬の骨を買う　○水魚の交わり　○まず隗《かい》より始めよ　○泣いて馬謖《ばしょく》を斬《き》る

㈢　○無用の用　○五十歩百歩　○飛鳥の影は動かず　○白馬は馬ならず

右は日本人が知り、用いる㈠は四字熟語、㈡は教訓、㈢は詭弁の各代表である。

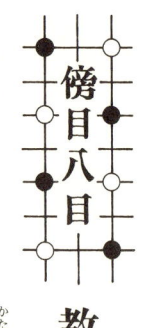

本文中にはこれらが時折登場する。また、これが本書の一つの核でもある。しかし本当の筋、流れは左のようなもので、**中国王朝史の変遷**にそいながら章を立て、そこに**論理学**と**数学史**とをからませている。まさに、髪や縄の〝三つアミ〟であり、「あざなえる縄」となっている。

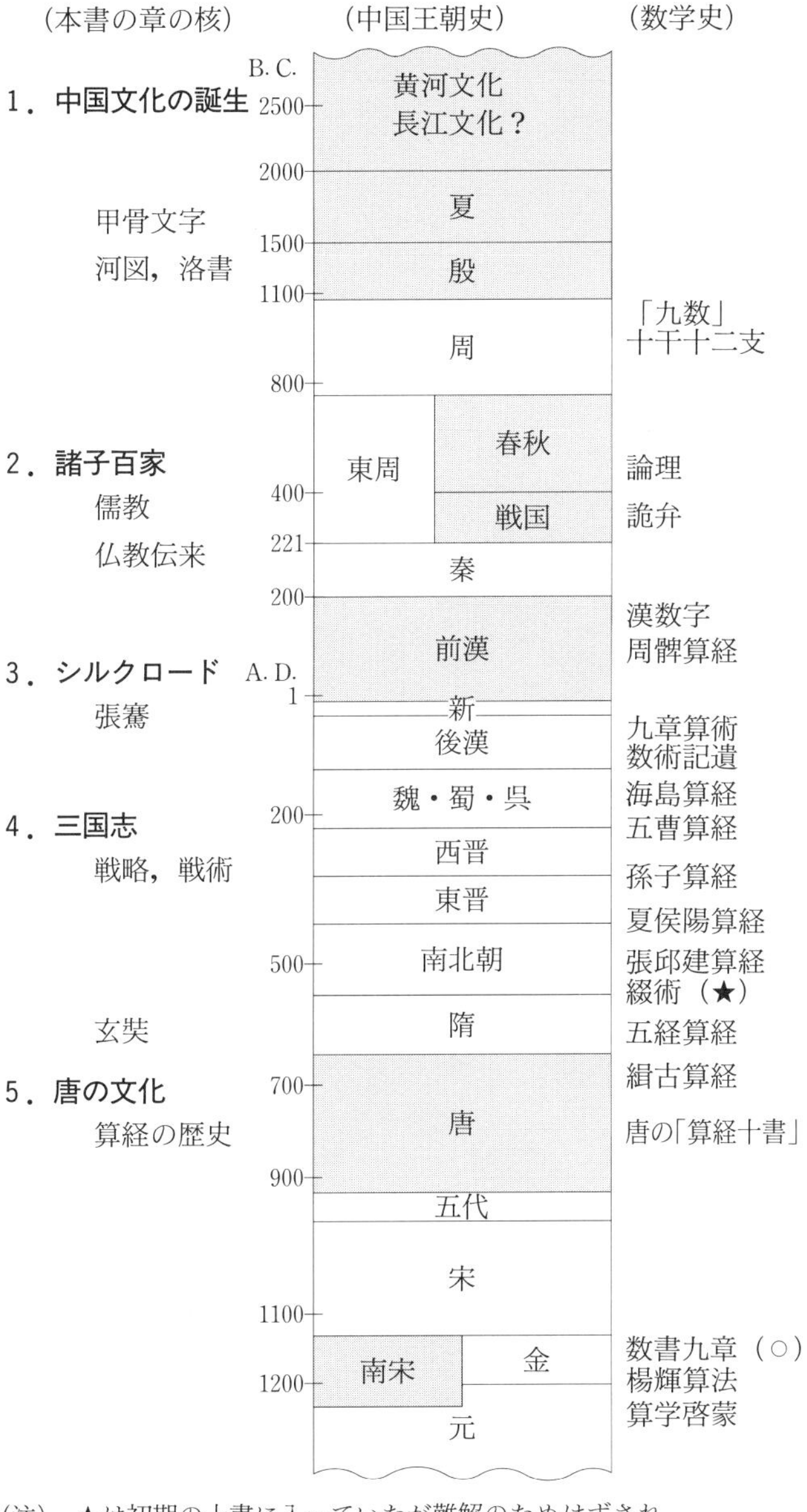

(注) ★は初期の十書に入っていたが難解のためはずされ，
緝古算経が入る。
○は数術九章ともいわれる。

美景“鳴沙山”を背景にした
ラクダ上の三須照利教授

黄河近くの“計算機”の店

目　次

第4章 〝三国志〟の中の戦略・術数 105

第5章 三千年の背景をもつ「算経」 145

解説・解答（※世界数学遺産ミステリー②『イギリス・フランス数学ミステリー』の〝遺題〟の解答もふくむ）

本書の〝遺題継承〟

◆付録（中華人民共和国分省地図）

本文イラスト…筧　都夫

第1章 竜馬と神亀の謎とパズル

あひる？　うさぎ？

蘭州「白塔山公園」から見下ろす〝黄河〟

南京付近で車窓からみる〝長江（揚子江)〟

一、東方の二大文化

古代中国数学のレベル

世界四大文化発祥地の一つ〝黄河文化〟を研究し続けた三須照利教授は、さらに一つの古代文化である〝長江文化〟の存在を確信するようになった。

この推測は、次のような根拠によるのである。

㈠ 古代文化発祥の地の共通点は、主として左のことであった

○大河で毎年洪水の起こる河畔での定住生活

○緯度が北緯20〜40度の温暖地帯

○農耕生活をおこない、集落をつくっている

㈡ 黄河に近くて条件が同じ長江沿岸に、似た文化の成立が可能であること

㈢ ほとんどの大河は、長い周期で流れが変ること（つまり、現長江の河底になっている）

㈣ すでにいくつかの仮説や予想が中国考古学会にあること——謎の仮面王国説——

㈤ 未発掘、未発見の文化が、世界各地にまだいくつも存在すると思われること

これらの裏付けになる情報を、いくつかとりあげてみよう。

黄河の土砂

・水１m^3当たり37kgの土砂。
・河が毎年運び出す量は16億ｔ
（10ｔ積みトラックで毎日44万台分）
・うち４億ｔが積もって，毎年10cmのペースで河底を高くする。
・100年で10ｍも積まれ「天井川」となるか，決壊して川道が変る。

黄河を例にとると、上の計算でわかるように、百年で一〇メートル河底があがり、洪水となり、河の流れが変ったりするのである。「暴れ竜」と言われる。

〔**参考**〕一九六〇年完成の三門峡ダムは四年で砂に埋った。

黄河はとりわけ土砂が多いので、天井川になる期間が短いが、一般の大河も、期間の差はあっても川道が変化する。そのため遺跡が川底になることが多い。

最近の新聞では、左の記事のように、日本で遺跡の上に川が流れて、遺跡の一部を隠してしまったという報告例もある。

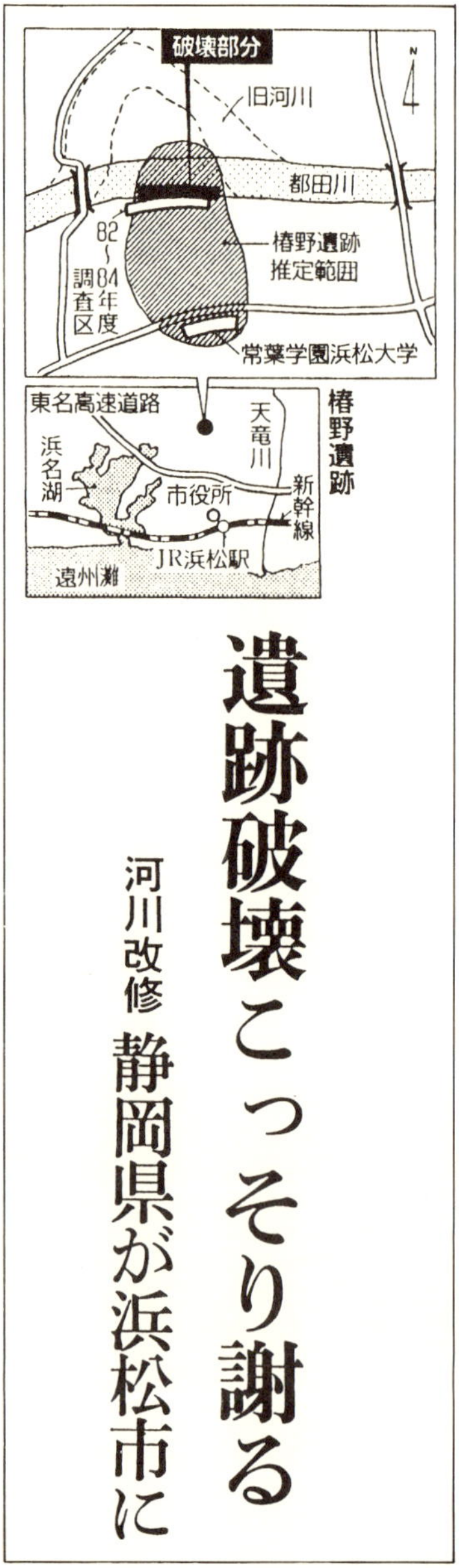

遺跡破壊こっそり謝る

河川改修　静岡県が浜松市に

（1992年12月16日付朝日新聞）

三須照利教授は、これまでの十数回にわたる数学誕生地探訪旅行から、古代文化地が消滅した原因に、いろいろなタイプがあることを知っていた。

㈠ 大河の流れが変る（インドのハラッパ、モヘンジョダロ）
㈡ 土地が砂漠化する（イラクのウル、ウルク）
㈢ 火山の爆発で埋る（イタリアのポンペイ）
㈣ 海中に沈没する（アトランティス大陸）
㈤ 他民族に滅ぼされる（アメリカのアステカ、インカ）
㈥ 定期的な遷都の習慣（マヤ）
㈦ ひどい伝染病
㈧ その他

〝長江文化〟は、㈧のひとつで「河底になった？」ものではないか。

この長江は、中国第一の大河で五、四四〇キロ、青海省西部、可可希立山脈に源を発し、四川省チベット自治区との境界を流れ四川盆地に入り、三峡《サンシャ》を経て湖北省の宜昌《イーチャン》に達する。

立派な南京の長江大橋

「長江大橋」は，武漢（1957年），重慶（1959年）にもある。

六千年ほど前に、黄河文化と並ぶ〝長江文化〟があった！
そしてその遺跡は現在の長江（揚子江）の河底にある。
というミステリーの設定――。

もし、存在していたとしたら、どんな文化だったのか。

当然、近くの黄河文化と酷似したものであろうが、どちらの方が古く、そして影響を与えたのかは不明であろう。しかし、〝シュメール（現イラク）文化〟がこちらへ流れてきたことは、ほぼ確実なことである。

現在、明らかにされているものは左ページの表にあるもので〝黄河文化〟は河南省周辺であった。

〝長江文化〟の位置は、四川省、湖北省、江西省の中で、かつて長江が流れていた場所であろう。

三須照利教授は、こうした推測をして旅立ったのである。（浙江省余姚《よよう》県の七千年前の河姆渡《かぼと》遺跡を初め、湖北省盤龍城、四川省三星堆遺跡などの発掘で、教授の推測が現実味を帯びつつある。）

数学的発想・方法

- 発見仮説
  - 類推
  - 帰納
- 確認断定
  - 実証
  - 論証

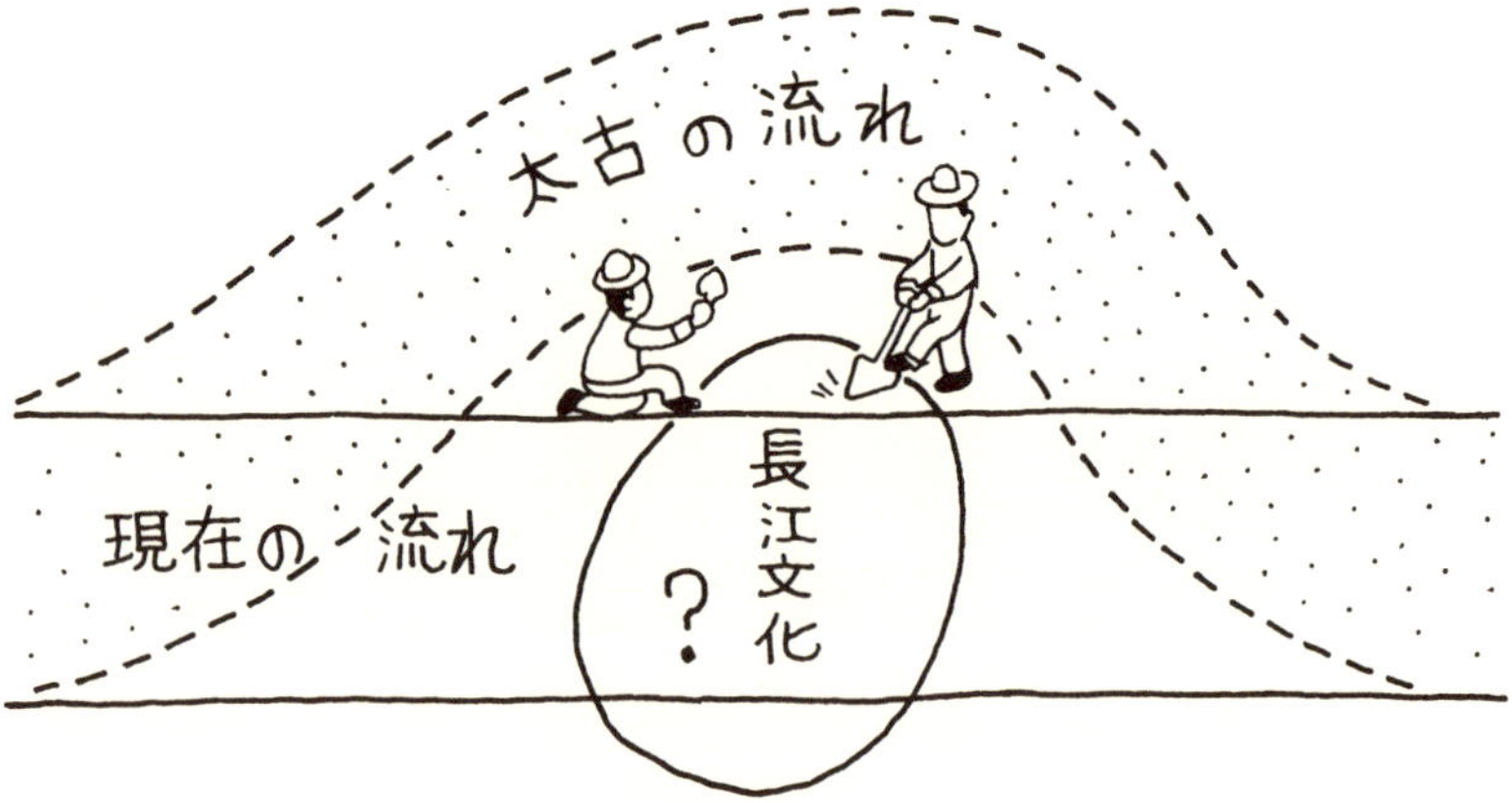

（年代）	（文化・王朝名）	（内容）	（場所・名称）
B. C.			
6,000			
	裴李崗《はいりこう》文化		河南省鞏義市 （廟底溝遺跡）
5,000			
4,000	仰韶《ぎょうしょう》文化	石器，陶芸，骨器	河南省 湖北省棗陽県 （彫竜碑遺跡）
	屈家嶺文化	石器，古城，土坑墓	湖南省（城頭古城遺跡）
3,000			
	竜山（黒陶）文化	新石器時代	河南省 山東省章丘県 （城子崖遺跡）
2,600			
	同後期 （黄帝：伝説的人物）	陶器，石器，獣骨（注1） 〝刻字陶片〟	陝西省鎬京
2,000			
1,900			
	夏王朝？（注2）		
1,600			
	商（のちの殷《いん》）王朝	〝甲骨文字〟青銅器 陶，玉，石，牙，竹， 易？，暦	河南省安陽市（殷墟）
1,100			
	周王朝	「九数」 最古の鉄器 「天下第一剣」	都を長安（西安） 河南省三門峡市 （虢国遺跡）

注1　獣骨につけた符号に，
人，万，元などの文字
二，三，八などの数字
の原形がみられる。（1968年発見）
これらが商王朝の甲骨文字への影響を与えた，と想像される。

注2　夏王朝が存在したとすると，これは中国最古の王朝である。

〔参考〕四川省広元市の中子鋪遺跡から石核，削器，尖《せん》頭器など発見。
各省の位置は巻末の付録地図参考。

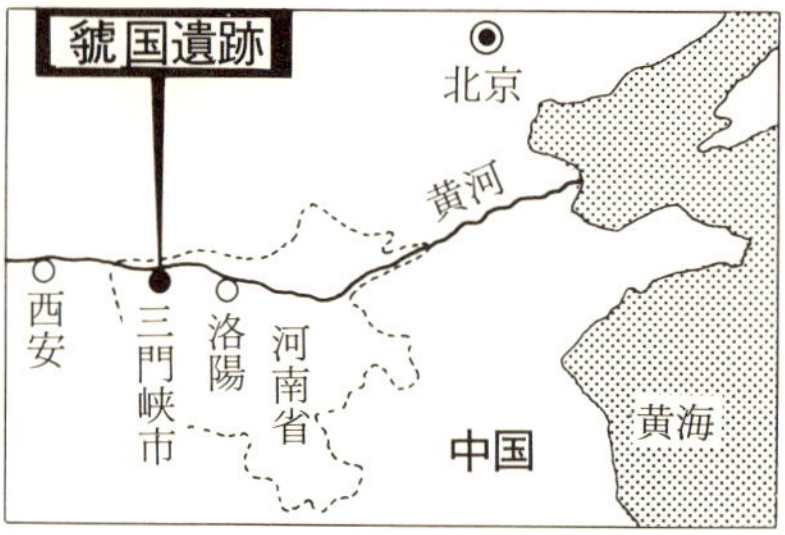

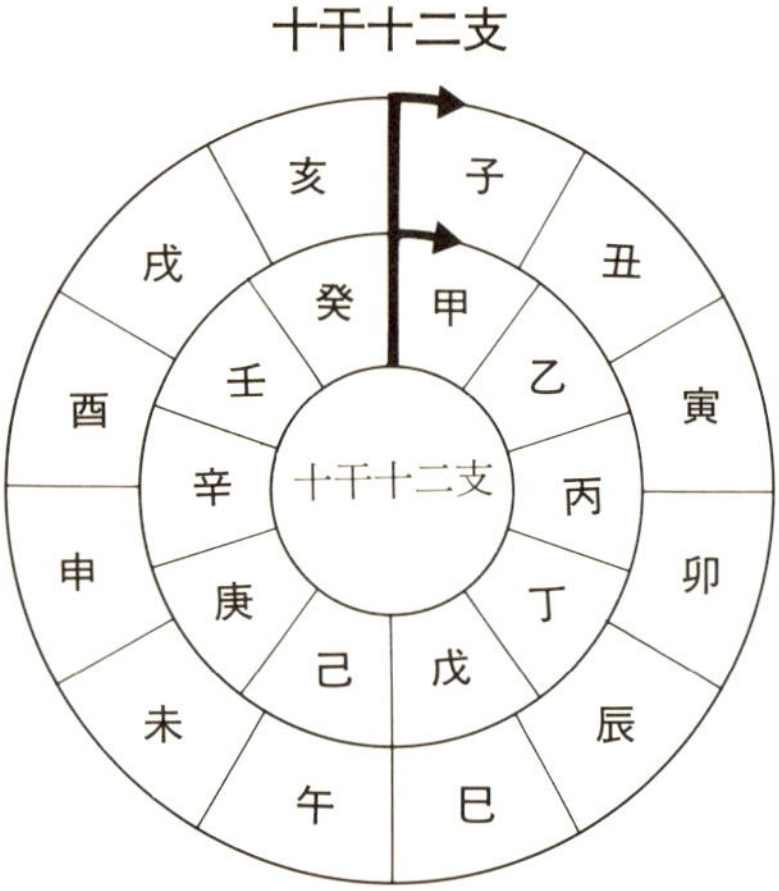

10と12の最小公倍数は60。60進法はシュメール文化の影響といわれる。
木星の周期が12年であることから十二支ができた，という。

文化的記録や事実が明確なのは殷王朝以降である。

この時代では十進法による数字および漢字の原形などが創られている。

また、甲骨文『殷墟《いんきょ》書契』の中に、十干十二支のことが刻まれている。農業社会であることから〝暦〟がつくられ、〝日時計〟もあり、冬至、夏至も知られていたと想像される。

最近、河南省三門峡市の西周の〝文王〟の弟、虢仲《かくちゅう》の国『虢国』の遺跡から殷の最後の〝紂《ちゅう》王〟（紀元前一一〇〇年頃）の銘がある甲骨文や鉄剣、玉器などが出土したという報道があった。

二、魔方陣の始まり

河図・洛書が語る

中国では太古から、民のためによい政治をおこなう王を「聖帝」とよび、その世には、竜馬や神亀が現れる、という伝説があった。

河図は、聖帝〝伏羲《ふくぎ》〟の世に、黄河から大きな竜馬が現れ、その竜馬の背にあった地図（次ページ）をいう。これは後に、易の八卦《はっけ》の源になったという。

また、**洛書**は聖帝〝禹《う》〟のとき、黄河（昔は洛水）から大きな神亀が出て、その亀の甲羅に下のような図があったものをいう。

禹は治水事業に成功し、舜帝から王位をゆずられ、伝説の『夏王朝』を創立したといわれている。測量業績の『禹跡図』が西安に保存されている。

洛書（神亀）

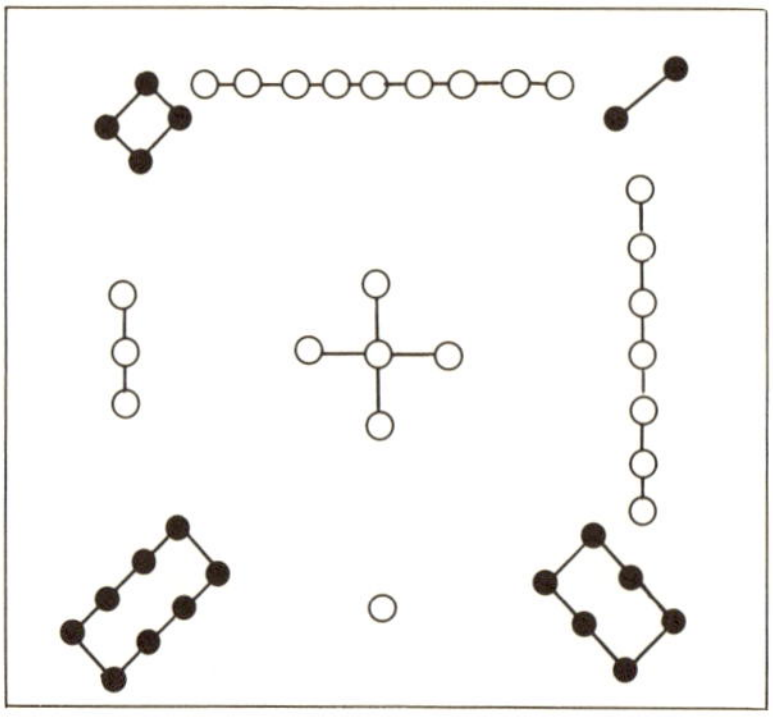

河図（竜馬）

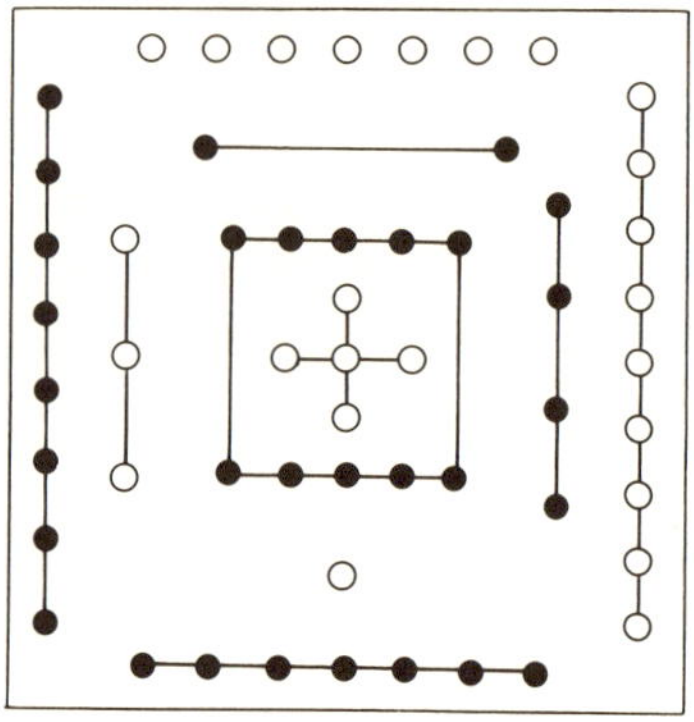

三方陣

4	9	2
3	5	7
8	1	6

占い

四殺	九危	二儀
三生	五鬼	七傷
八難	一徳	六害

易

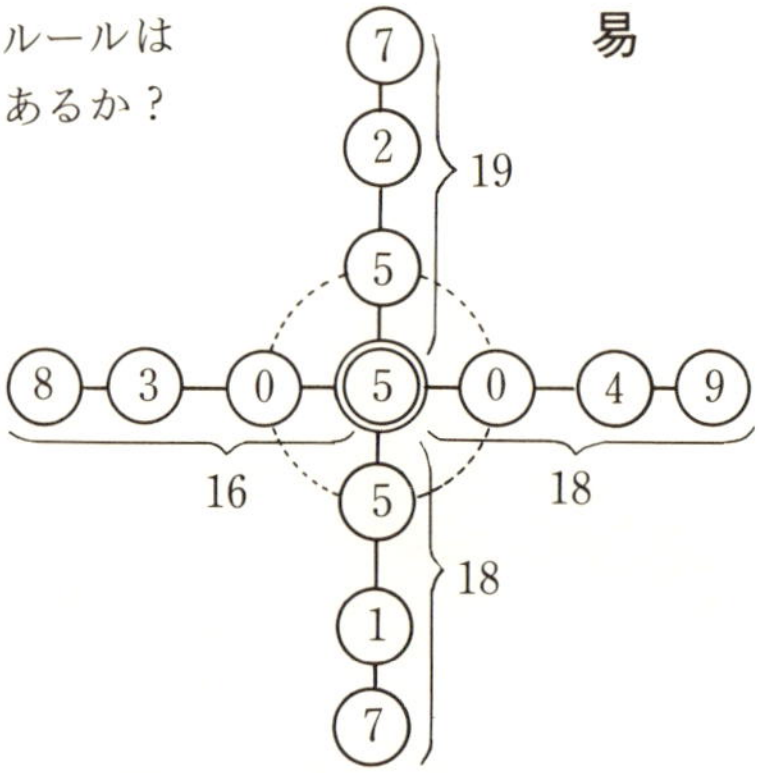

さて、この河図、洛書は、易、占いへも影響を与え、また後世の数学書にしばしば登場するなど、原典的意味さえもっているものである。

河図、洛書の○、●の個数を数字にかえてその構成をみると上のようである。

残念ながら河図の方からは数学的ルールは発見されない。しかし洛書の方は、後世に〝魔方陣〟と呼ばれる興味深い数関係がある。

「縦、横、斜めの各三数字の和が、すべて15で等しい」というもので、〝悪魔が目を回す〟からと、門に貼って悪魔除けに使ったという信仰から魔方陣と名付けられた。洛書が縦、横三つずつのことから『三方陣』という。

後に、いろいろな形が工夫された。

では、ここで左のタイプの魔方陣に挑戦してもらうことにしよう。（答は巻末）

魔方陣に挑戦しよう

1　**四方陣**　1〜16を入れよ。

2　**円陣**　1〜13を入れよ。

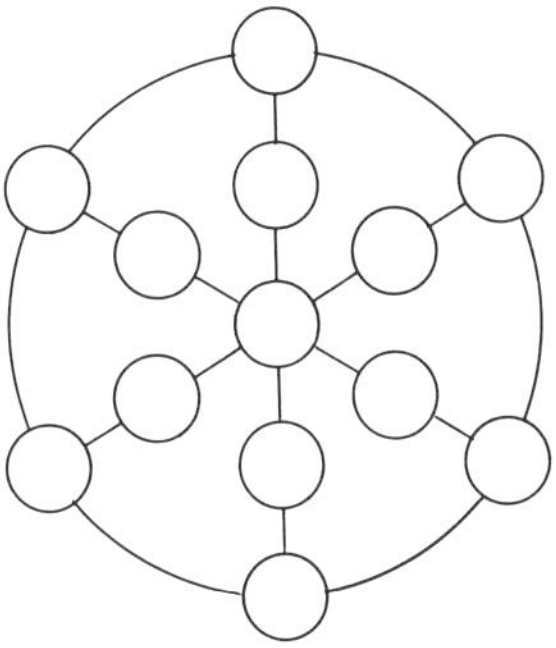

3　**星陣**　1〜12を入れよ。

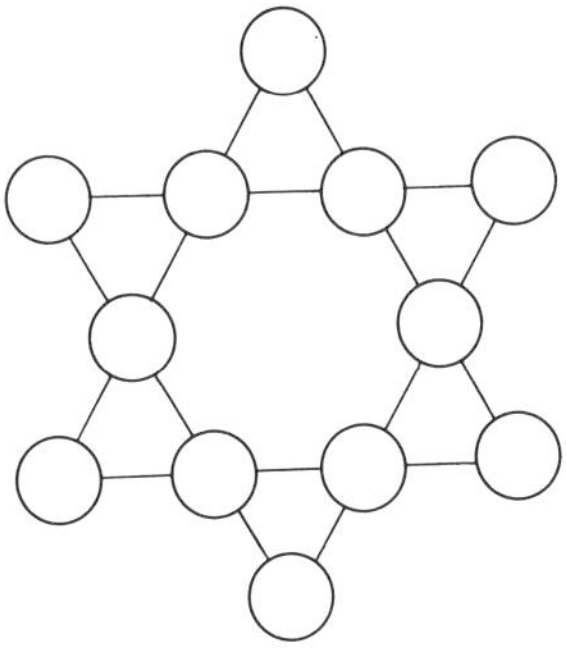

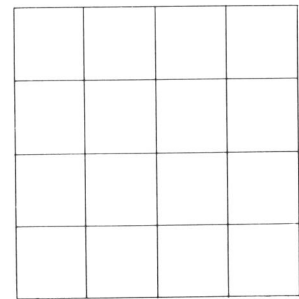

魔方陣は、単純な上、工夫を必要とする数遊びであるので、いろいろの変形が考案されながら、世界中の民族に浸透していった。

ヘブライ人は「口にすべからざる偉大な存在」といって、この不思議に魅了されたし、放浪の民ジプシーは、占いの道具としてこれを用いたという。西欧でも古くからこれをマジック・スクエアー（magic square）と呼んで、ときに数学専門家もこれに挑戦して数々の本を出版している。

用いる数が偶数だけ、と限定したり、立方体のような立体方陣を考えたり、解答が試行錯誤ではなく、あるルールによって解くという規則の発見など、興味はつきない。

この遊びが、現代では、次の意外な場面、

○農事研究
○原子核研究
○職場の人員配置方式

などに利用されている有用なものになった。

ジプシー魔方陣

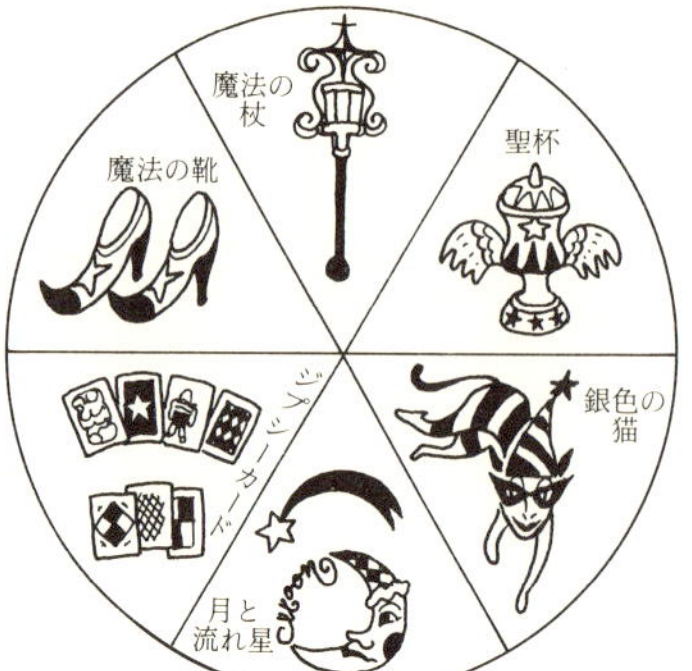

この板上にパールを投げる

ラテン方格

1	3	2	4
2	4	1	3
3	1	4	2
4	2	3	1

同数字が隣接しないようにする

三、タングラムで遊ぶ

図形作りの楽しさ

四千年昔の中国創案のゲームで、『魔方陣』と並ぶものに『タンゲーム』（通称タングラム）というものがある。

これは正方形を七つの小片に分けたコマ（チップ）を、いろいろ並べ合わせて図柄をつくる遊びである。

この遊びは一七世紀以降、中国と通商した西欧各国の船員たちが退屈しのぎに遊び、それを母国にもち帰ったことから、ヨーロッパへ広がった。

〝タン〟の語源については、次のいろいろがある。

㈠　外国船の荷物の運搬で活躍した中国の小舟で、水上生活をした人たちをタンカ——蛋《たん》民——といった。

㈡　タンカの女が外国船員を楽しませた娼婦になったが、娼婦を中国語でタンと呼んだ。

珠江上流の黄埔のタンカたち

㈢　タンカの娘たちが、「タンカのゲーム」を教えたのが「タングラム」になった。
㈣　平たく並べるという中国語がタン（担）というところからついた。
㈤　中国の神様の名前。

これは欧米では、チャイニーズ・パズルの一つとして大人の暇つぶしだけでなく、児童の図形遊びや学校教育の教材としても重視されていた。図形の構成・分解や図形への直観力養成に有効である、ということであり、図書も多く発行されている。

このタングラム（tan-gram）は、遠く五千年昔のピラミッドの墓の中の図にもあるといわれているが、確実な話ではない。また、セント・ヘレナ島に流されたナポレオンが、日々の退屈をタングラムで慰めた、という伝説があるが、数学好きのナポレオンなので、信頼できることであろう。

タングラムの小片づくり

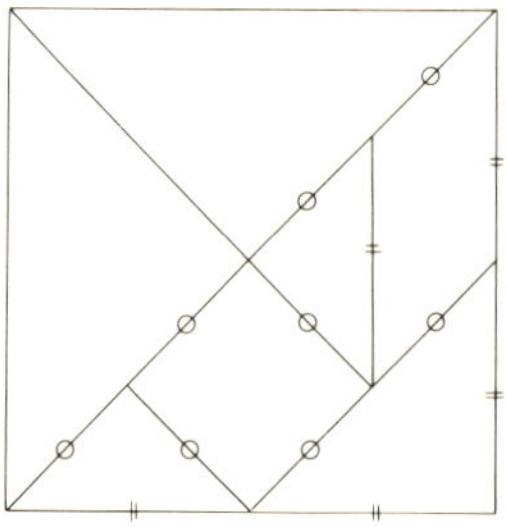

同じ印は等しい長さ

さて、いよいよタングラムの内容紹介、ということにしよう。

まず、正方形を次の七つの小片に分解する。

直角二等辺三角形　大2、中1、小2
正方形1、平行四辺形1　（上図参考）

〔**参考**〕欧米では、七つのチップであることからこのゲームのことを『ラッキー・セブン』とも呼ぶ。

説明はこの辺にして、実例でさらに話を進めていくことにしよう。四千年も前の中国人が考えたパズルなのであるから、負けずに挑戦してもらうことにする。

まずは左の影絵の図を、タングラムでつくるとすると……。

奥様，お手をどうぞ

初めてだと、この図がほんとうに七つのチップでつくれるのか、と不安に思うが、実は上のようにチップを組み立てていけばよいのである。

タングラムでは、一般に単純な絵や図であるほど難解なのである。

では、次ページの絵や図について、挑戦しよう。（答は巻末）

いろいろな動物

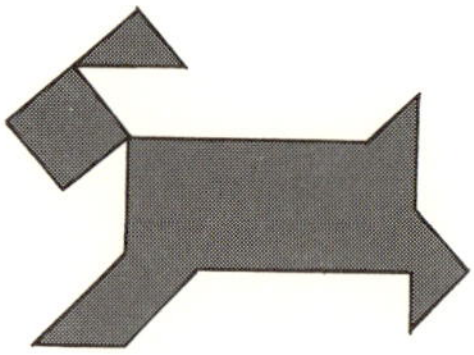
犬

あひる

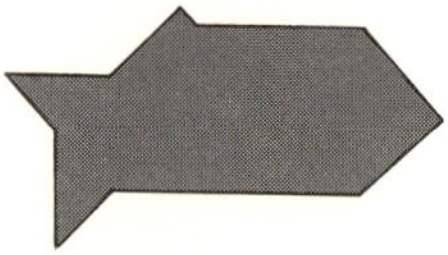
金　魚

猫

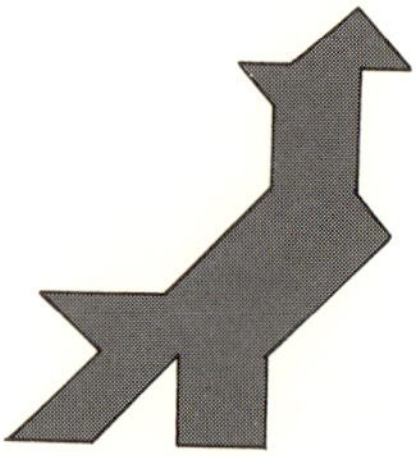
わ　し

こうもり

兎

コンドル

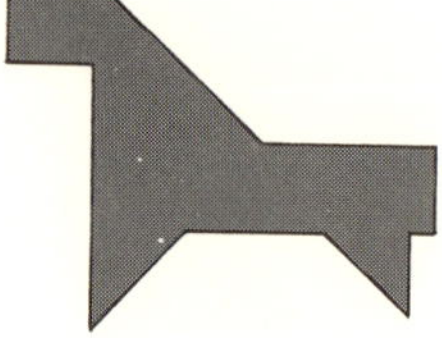
オットセイ

身近な生活品

果物皿

ロウソク

矢　印

おぼん

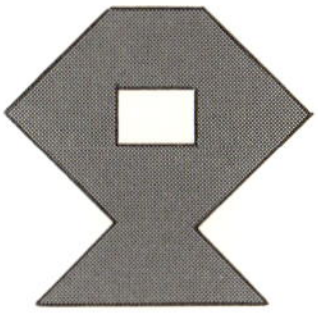

時　計

台

ワイングラス

箱

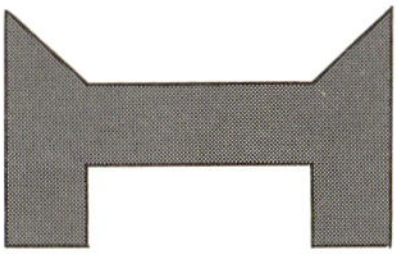

腰かけ

傍目八目

清少納言智慧の板

清少納言は、平安時代の女流文学者であり、随筆『枕草子』（一〇世紀末から一一世紀初頭）で有名である。

この「智慧の板」が彼女によって考案されたかどうか明らかではないが、江戸時代に、匿名の著者（環中仙らしい）の本によって広く知られ、庶民の間で遊戯として親しまれた。

清少納言智慧の板

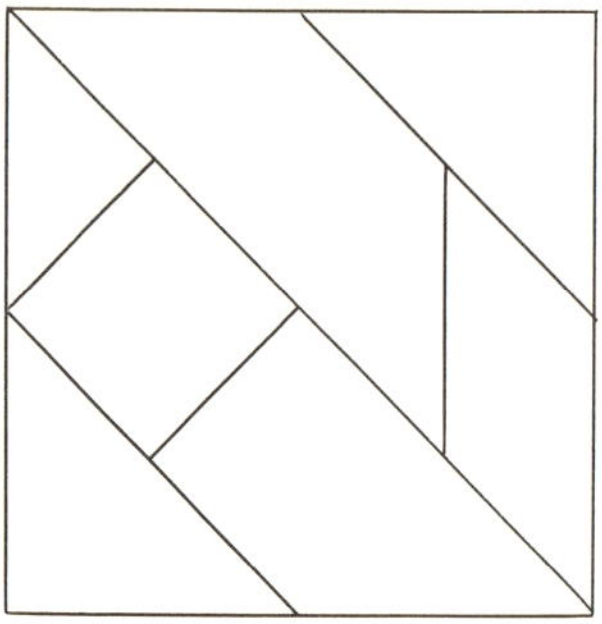

（例）

三重の塔

ラッキー・セブンの７チップ

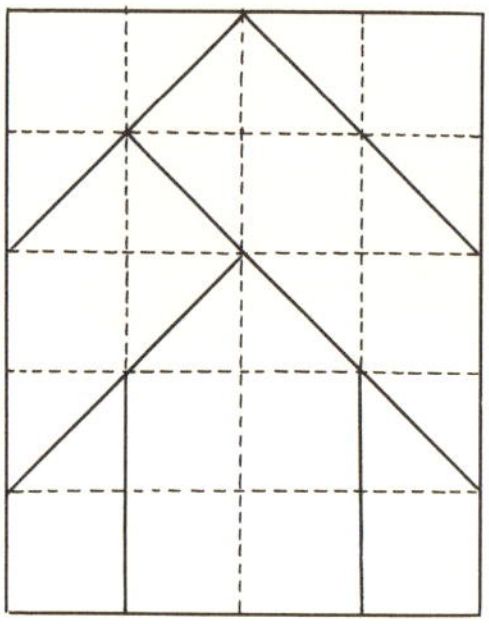

四、古典「九数」の内容

算数・数学の語のルーツ

約四百年続いた殷王朝（首都安陽）は、紀元前一一〇〇年頃、周によって滅ぼされた。

周王朝は首都を長安（現、西安）近くにおいておおいに発展したが、紀元前七七〇年遊牧民に追われて洛邑《らくゆう》（現、洛陽）におき、約八百年間続いた。前期を西周、後期を東周という。

周は〝王朝〟が確立した最初のものということができよう。

貴族の子弟の教育では有名な『周礼《しゅらい》』の『礼記《らいき》』があり、

六歳で数字と方角の名をおぼえる
九歳で計数と干支を知る
十歳で読書算。後に六芸（上記）

という、正式の算数教育課程ができていた。

三須照利教授にとっては、上記の「九数」に大きな興味があった。

当時の〝算数のレベル〟はどうであったのか、と。

六芸

礼――五礼（礼儀）
楽――六楽（音楽）
射――五射（弓術）
御――五駅（駕車）
書――六書（書写）
数――九数（計算）

「九数」では、

㈠　数の体系　㈡　乗法九九　㈢　九章

などとなっている。では九章とは何か？

これは次ページの資料から読みとれる。それから千年後にできた中国数学の名著であり代表書である『九章算術』――それまでの数学を整理した数学百科的なもの、著者名不明――は九つの章からできていて、各章名はこれからとっている、と考えられる。

中国社会で〝九〟にこだわるのは、九が一桁の数（基数）の最大数であることから、「皇帝の数」としたことによるという。

中国主要数学書

B.C.

11　九数（周）
周髀算経（周）

2　算数（前漢）

1　算術（前漢）

A.D.

1　九章算術（後漢）

11　数書九章（南宋）
算学啓蒙（南宋）

14　九章算法比類大全（明）

15　算法統宗（明）

17　塵劫記（日本）

『九章算術』の章

1章	方田	6章	均輸
2章	粟米	7章	盈不足
3章	衰分	8章	方程
4章	少広	9章	句股
5章	商功		

（156ページ参考）

地官下

王門之外且蹕 兵服旍布弓劍不同也門外
中門之外蹕止行人不得迫
王宮也故書隷或作肆鄭
司農云讀爲隷(蹕)音畢 朝在野外則守内
列 内列蕃營之在内者也其屬亦
帥四夷之隷守之如守王宮
保氏掌諫王惡 諫者以禮義正之文王世子
曰保也者愼其身以輔翼之
而歸諸
道者也 而養國子以道乃教之六藝一曰五
禮二曰六樂三曰五射四曰五馭五曰六書
六曰九數乃教之六儀一曰祭祀之容二曰
賓客之容三曰朝廷之容四曰喪紀之容五
曰軍旅之容六曰車馬之容 養國子以道者
以師氏之德行
審諭之而後教之以藝儀也五禮吉凶賓軍
嘉也六樂雲門大咸大韶大夏大濩大武也
鄭司農云五射白矢參連剡注襄尺井儀也
五馭鳴和鸞逐水曲過君表舞交衢逐禽左
六書象形會意轉注處事假借諧聲也九數
方田粟米差分少廣商功均輸方程贏不足
旁要今有重差夕桀句股也祭祀之容穆穆
皇皇賓客之容嚴恪矜莊朝廷之容濟濟蹌
蹌喪紀之容涕涕翔翔軍旅之容闞闞仰仰
車馬之容顚顚堂堂玄謂祭祀之容齊齊皇
皇賓客之容穆穆皇皇朝廷之容濟濟翔翔
喪紀之容纍纍顚顚軍旅之容暨暨詻詻車
馬之容匪匪翼翼(馭)音御(行)下孟反(翔)羊
冉反(注)之樹反(襄)音讓(差)初佳反又初宜反

☆

〔参考〕

『周礼』の中の「地官司徒篇」によると、公卿大夫の子弟である〝国子〟の教育に特別な力を入れている。

これら貴族子弟には前述の六芸の教育を重視していて、上のように『周礼』で述べられている。

九数については、

方田、粟米、差分《しぶん》、少広、商功、均輸、方程、
嬴《えい》不足、旁要

とあり、後に重差《ちょうさ》、句股《こうこ》（三平方の定理）など天文学関係の内容が他のものと入れ替ったりしている。

☆（上の☆印）

紀元一世紀頃の書といわれる『九章算術』の土台が『九数』であったことがこれからわかる。

しかし、上記のものは、周の末期の頃といわれている。

かつて、三須照利教授は、自分の浅学を恥じた思い出がある。
これは『算数』の語についての、勝手な解釈によるものである。
明治以降のわが国の算数教育では、終戦時まで国定教科書で、
一九〇五年(明治三八年)通称〝黒表紙〟教科書——算術書——
一九三五年(昭和一〇年)通称〝緑表紙〟教科書——小学算術——
一九四一年(昭和一六年)通称〝水色表紙〟教科書——初等科算数——
という変遷があった。
現在も一九四一年以来の算数の名称である。

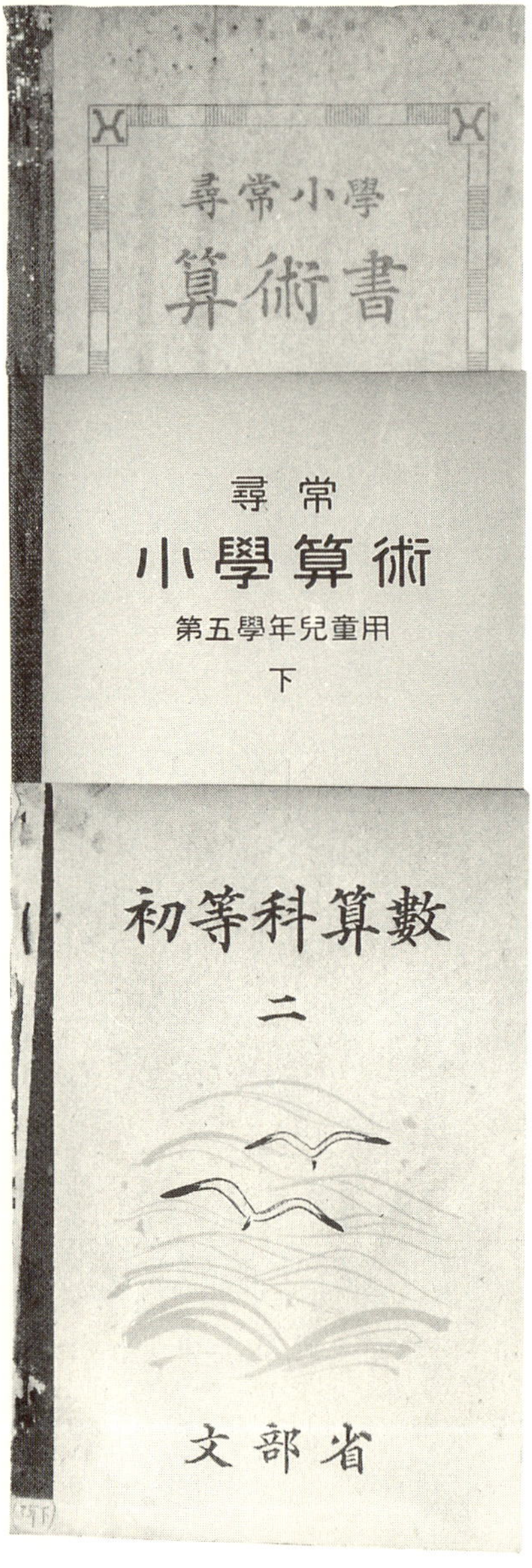

名称と内容

算経――数学の巻物のことで、広く数学書のこと
算術――数学の計算技術で日常必須内容　（例）一世紀『九章算術』
算法――応用数学的な内容のもの　（例）一六世紀『珠算算法』
　　　　理論数学に属するもの　（例）一二世紀『天元術』（方程式）
算学――数学の学問　（例）一三世紀『算学啓蒙』

いま、古代からの中国の数学書名をみると、右のように、

算経、算術、算法、算学

などの語があり、日本の和算もその影響を受けている。これらは一応説明のような区分がされている。一語で言えば、順に、一般、初等、応用、専門ということであろうか。

さて、これらには『算数』の語が見当らないのである。

こうしたことから、三須照利教授は『算数』は日本人の創案である、と考えた。

「初等教育といえども、計算技術を示す『算術』の語は不適当であり、その奥に流れている数理思想も学ばせることを目的とするからには『算数』という名称にすべきである。」

ときの文部省はこう考えて『算数』の語を使用することにした、と彼は想像した。

一九〇一年イギリスのペリー教授は、数学教育の改良運動をとなえたが、これが世界的規模で広

がり、初等、中等教育の目標や内容、方法の大改造が試みられた。
このときわが国は遅れをとり、三〇年を経てから、改良運動の思想を導入した。
これが前述の〝緑表紙〟教科書となり、後に〝水色表紙〟教科書で『算数』の名称に変った、と考えたのである。

算数！

単なる技術ではなく、数理思想の養成を目指したものの代表語。

三須照利教授は、発見の大きなうれしさで、書物、論文に書き、講演で話をした。

ところが――、なんである。

数年前、中国の友人、北京師範大学数学史専門、白尚恕教授から贈られた論文に、紀元前二世紀、前漢時代の副葬品の中に、『算数書』と記述がある竹简が発見されたとあった。

算数の語は、いまから二千二百年も前に中国で使用されていたのである。

以後、彼は「算数の語が二千余年も前にあった」と書き、また語るようになった。

さて、著名な『九章算術』より古くて今日知られている前漢時代の本に『周髀算経』がある。これはその名の通り周時代の〝句股測量法〟で、「髀《パイ》」を立てて時刻や高さを測量した(後にこの棒からマージャンの牌《ぱい》になる）ことから名付けられた、測量学の本である。当時天文学、暦作りの数学の発達がある。

五、釈迦と数字

仏教語から数詞

まずは、このページの内容をジックリみてみよう。

仏教4〜8

四諦

苦　集　滅　道

↓ 真理

八正道

- 正見（見解）
- 正思（考え方）
- 正語（言葉遣い）
- 正業（行為）
- 正命（生活）
- 正精進（努力）
- 正念（思念）
- 正定（冥想）

↓ これらを修めると

悟

六道

地獄　餓鬼　畜生　修羅　人間　天上

↓ この迷を超えると

七歩

七菩薩《ぼさつ》

- 地蔵菩薩
- 文殊菩薩
- 普賢菩薩
- 弥勒菩薩
- 観世音菩薩
- 勢至菩薩
- 虚空蔵菩薩

五如来《にょらい》

- 釈迦如来
- 大日如来
- 薬師如来
- 阿閦如来
- 阿弥陀如来

宗教は説得、説話であり、その効果をあげる方法は簡潔、明快、そのためには〝箇条書き〟が印象を強める。こうした論法から、仏教の教えも例外ではなく、前ページのような箇条書きのリズムが多く採用されているようである。

〝数〟は人々の脳裏に刻みつけやすく、説得術に用いる強力な武器になっている。

さて、『仏教』は紀元前五世紀釈迦によって創設され、中国へは紀元前二世紀頃、日本へは六世紀それぞれ伝来した。

釈迦は紀元前五六五年、北インドのカピ王国の王子として生まれ、二九歳で出家した。

最初の説法地「ミガダヤ」（鹿野苑《サールナート》）の遺跡
（ベナレス）——迷える教授が坐禅——

インドは、四千年ほど前、この地へアーリア人種が侵入し、原住民を征服した上、「バラモン社会」を建設し、四階級のカースト制度をひいた。これは、

最上階級　バラモン　（司祭者）　生まれながらの尊い人
次の階級　クシャトリア　（王、士族）　世俗的な支配力をもつ人
三番目の階級　ヴァイシャ　（一般庶民）　農、工、商に従事し税を納める人
最下級　シュードラ　（奴隷）　アーリア人に征服された原住民や賤民

というもので世襲制の上、カーストの異なるものは婚姻はもちろん、食事も共にできない、たいへん厳しい身分制度であった。その後さらに細分化され、現在も続いている。

バラモンは司祭者であることから、

（祭事）──→（農業計画）──→（暦作り）──→（天文学）──→（数学）

という仕事上で、数学者も兼ねていた。（詳しくは拙著『タージ・マハールで数学しよう』参考）

さて、話を釈迦にもどすことにしよう。

彼は「クシャトリア」という高い身分にあって、多くの人々の苦しみをみて〝人生の無常〟の悩みから修行の道に入り、六年間の苦行の末、ブッダ・ガヤの菩提樹《ぼだいじゅ》のもとで悟りを開き覚者（仏陀）になった。これが仏教の起こりであり、ミガダヤで最初の説法をした。

それから五〇余年遊行生活を続け、クシナーラで臨終を迎えた。入滅を涅槃《ねはん》という。生誕、降摩成道、初転法輪、入滅の四大事の場所を〝四大霊場〟という。

ここで三須照利教授の仏教語への追求が始まった。

古代インド語は「サンスクリット語」で、これは梵語《ぼんご》（インド・アーリア語）で「完成された言語」の意味という。これは造物主であるブラフマン（梵天）が用いた雅語で、広くは、紀元前一三世紀から前四世紀頃使用。代表例はバラモン教の聖典『ベーダ』、狭くは、紀元前五世紀から約千年間使用の高級標準語。代表例が『バーニニ文典』である。

これは一〇世紀頃まで、文学、宗教、哲学あるいは一般学術用語として広く用いられたが、イスラム教徒の侵略によって、このサンスクリット語は学問間の共通語や古代文学の注釈に使用される程度の存在になった。

サンスクリット語 —音当て→	中国語
シャカ（種族の名）	釈迦
ブッダ	仏陀
シャモン（修行者）	沙門
マーヤ（釈迦の母の名）	摩耶
ナンダ（釈迦の異母弟の名）	難陀
スダッタ（長者の名）	須達多
ボサツ	菩薩
バラモン（司祭者）	婆羅門
クシャトリア（王、士族）	刹帝利
ヴァイシャ（庶民）	吠舎
シュードラ（奴隷）	首陀羅

（参考）日本の例 —— これは音も意味もある

クラブ ——→ 倶楽部
ジョーク ——→ 冗句
ローマン ——→ 浪漫
タイフーン ——→ 台風

このような解説をしたのは、「仏教」を記述したサンスクリット語という外国語を輸入した中国が中国語に翻訳したとき、上のような語を当てたことへの興味からである。

一見、話が突飛になるが、わが国の江戸時代の寺子屋での算数テキスト『塵劫記《じんこうき》』（一七世紀）

の初めに、「大数《かず》の名の事」「一よりうちの小数《かず》の名の事」とあり、左のような〝数詞〞が示されている。この『塵劫記』は、中国の名著『算法統宗』(一六世紀)を手本にしたもので、この本もまた三四ページの表で示したように古くは『九数』『九章算術』の伝統のもとに書かれた本である。

しかし、初期から左のような数詞が完成されたのではなく、途中に仏教の中のサンスクリット語を、中国語に訳し、さらにそれが日本へと伝えられた由来をもっている。

〔大数の名〕(四桁ごと)

一、万、億、兆、京、垓《がい》、秭《し》、穣《じょう》、溝、澗、正、載、極、(この先から〝仏典〞を導入)

恒河沙《ごうがしゃ》、阿僧祇《あそうぎ》、那由他《なゆた》、不可思議《ふかしぎ》、無量大数《むりょうたいすう》

〔小数の名〕(十進法)

一、分、厘、毛、糸、忽、微、繊、沙、塵、埃、渺、漠、(この後から〝仏典〞を導入)

模糊《もこ》、逡巡《しゅんじゅん》、須臾《しゅゆ》、瞬息《しゅんそく》、弾指《だんし》、刹那《せつな》、六徳《りくとく》、虚《こ》、空《くう》、清《せい》、浄《じょう》

これらは、『華厳経』の中からとり出されたものといわれている。

(注) 無量大数は、無量と大数に分けて用いられることがある。小数の名は、日常生活の中で、忽・然、微・細、繊・維、塵・埃、漠・然などの熟語に使用されている。

傍目八目

説得・記憶と数字

〝一富士二鷹三なすび、国の初めは大和の国、島の初めは淡路島、ものの初めが一ならば、一があって二がないためしは無いよ、お立ち合い……〟

名調子でお客を集めている街頭の物売屋や香具師《やし》のセリフには、一、二、三、……の数字がつきものである。

古代中国で官僚になるための勉強の本の代表的なものは、

四書（大学、中庸、論語、孟子）、**五経**（易、詩、書、礼、春秋）そして**六芸**（三三ページ参考）

というようなリズム的数字の上手な使い方がある。

また、元時代の社会の階級は、次のようにいわれた。

一官二吏三僧四道（道士）五医六工七猟八民九儒十丐《がい》（乞食）

中国旅行中に各所でみかけた看板の交通スローガンは、

〝一慢《まん》二看三通過〟（まずゆっくりして、よく見、そして通過せよ）

中国史や中国ではこうしたものが多いので、探してみよう。（巻末参考）

第2章

"百家争鳴"の五百年とその論理

孔子？（逆にすると）老子？

昔、人々が討論した長安城

いまも学校教育に力を入れている「人民為教育、教育為人民」と大書してある、郊外の学校の塀

一、名著『春秋』の影響

記録の価値と統計の出発

世界最古の数学書『アーメス・パピルス』（紀元前一七〇〇年）は、その時代までの千年余の数学を一史官アーメスがパピルスに記録したものであるという。

学問の典型といわれた『原論』（紀元前三〇〇年）は、ギリシアの幾何学者ユークリッド――一説には集団名――が、それまでの三百年間の資料を集大成したものである。

さて、ここでとりあげる『春秋』も、魯の史官たちが二五〇年間記録し、孔子が加筆補正し、編集したものといわれる。

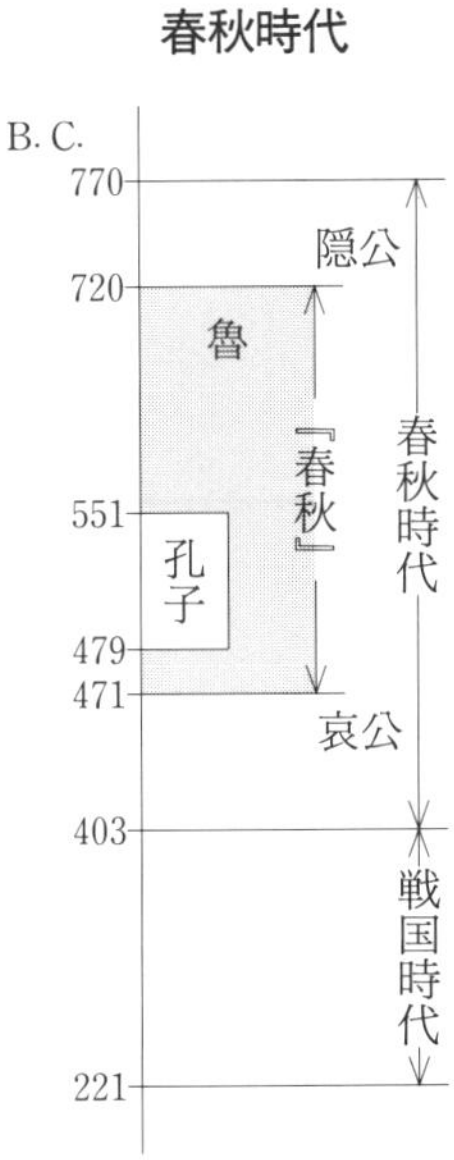

名もない担当史官たちの記録書が、後世にその時代名になるという興味ある名称である。

この記録書は、上図のように魯王朝の隠公から哀公までの一二代、二四二年間の近隣列国で起こった、国王の即位や死亡、また各国の天災、戦争、同盟などの事件を、年次を追って、しかも春夏秋冬の順で記録したものである。

魯の国出身の孔子は、政治の乱れをただそうとする儒教の立場から、この『春秋』に道徳的な解釈をつけ加えたが、それによって後世に『五経』の中の一書となった。

ここで三須照利教授の登場になる。彼はこんな疑問をもった。

「魯の国がナゼ近隣諸国の記録をつけることにしたのか、また、どのようにして情報を集めたのか？　さらに大きな疑問は、自国だけの記録書はなかったのか？」

春秋時代とは、周が首都鎬京から遊牧民に追われて洛邑に遷都した紀元前七七〇年から、晋が韓、趙、魏に三分された紀元前四〇三年までの約三七〇年間で、当時は、黄河中流域を中心として、一三〇余の〝都市国家〟が点在し、対立、競争、同盟そして集合離散などをくり返していた。

これには、次の三期がある。

一期　衰乱　魯、衛、宋、鄭《てい》、斉

二期　升平　晋（北西）、楚（南方）

三期　大平　各国で内政改革

そして、まもなく戦国時代に突入するのである。

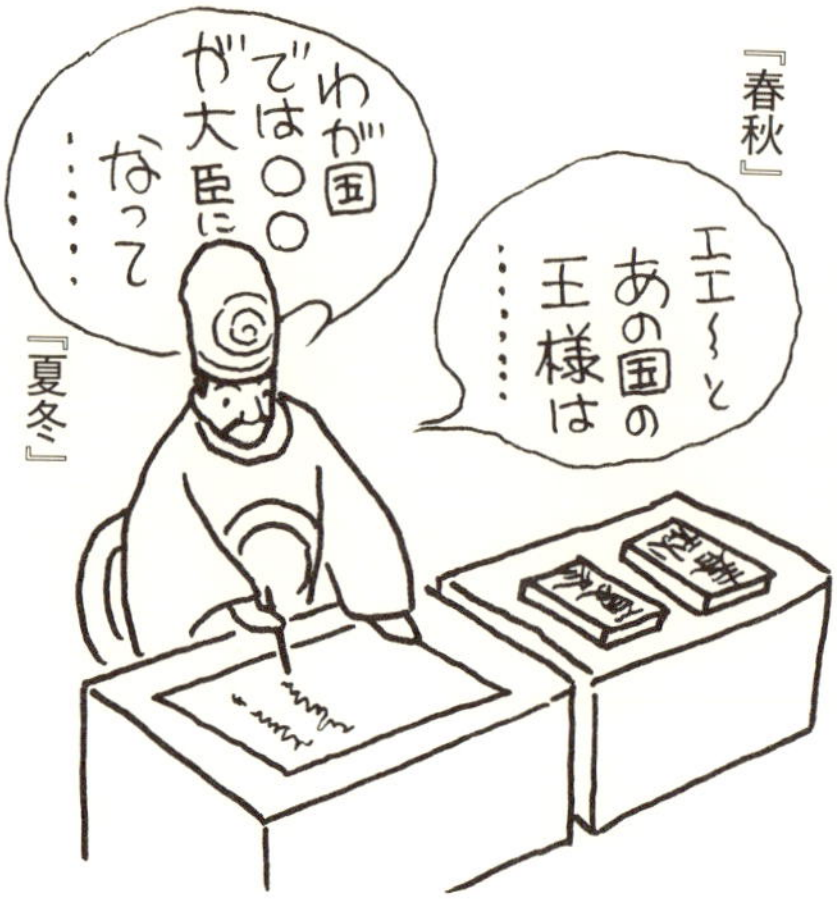

調査を進めてきた三須照利教授は、ハッとひらめいたことがある。

魯の国では、毎年の春夏秋冬の記録をつけたことから『春秋』の名をつけたが、実は自国内の行事や事件、さらに極秘事項などの詳細な記録もつけ、これを『夏冬』と呼んだ。つまり、

魯国の記録
- 『春秋』――近隣列国の情報――孔子による補筆編集
- 『夏冬』――自国の極秘事項――老子による補筆編集

これによって自他の国々の事実が記録され、歴史上有用なものとなるはずであった。

しかし、魯国末期に、王朝内の対立か、滅亡期かに『夏冬』の方は焼却処分してしまった。このため、協力した老子も、架空の人物、想像的人物といわれることになった。

と、三須照利教授は推測したのである。

〝『夏冬』が消失し、老子が伝説的存在になった〟

古代中国の歴史が本格的に調査研究され始めたのは、ここ二、三百年のことであり、第一章で述べたまぼろしの〝長江文化〟と共に〝夏冬、老子〟の推測もあるいは、事実として認められることがないとはいえない。名著『春秋』が後世、五経の中の一書に入れられたが、もし『夏冬』が存在していたならどのような扱いを受けたであろうか、興味のあるところである。

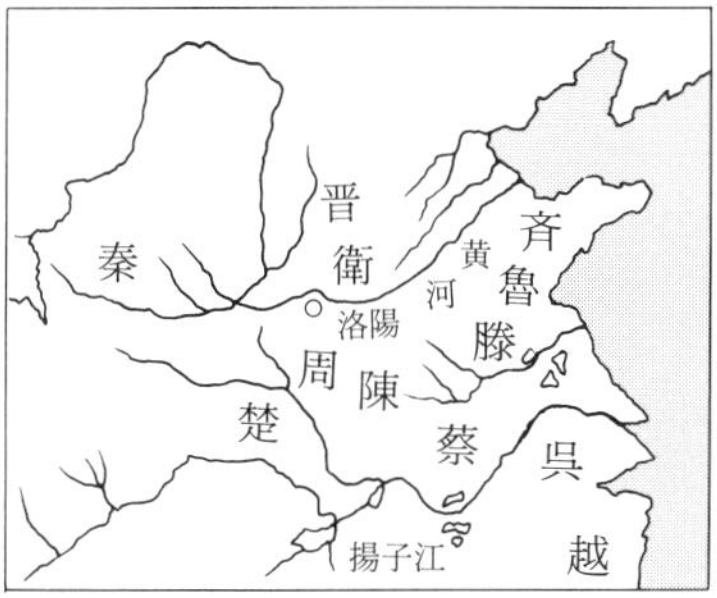

春秋時代

二、諸子百家の論調

理論構成の工夫とファジィ

〝風が吹けば桶屋がもうかる〞というよく知られた諺があるが、『諸子百家』も、そうした一見、これと無関係な社会から出現した。

中国社会史は左のようであるといわれ、この中の奴隷社会から封建社会への移行時に、㈠～㈤の経過によって必然的に誕生したと考えられる。

（原始共同社会）――→（奴隷社会）――→（封建社会）――→（資本主義社会）――→（共産主義社会）

⇦

㈠ 東周時代、多くの戦争によって奴隷獲得
㈡ 一二諸国の弱肉強食時代
㈢ 士人の政治的、社会的進出
㈣ 春秋時代の治国は官僚制度
㈤ 政治理論家群〝諸子百家〞の輩出
㈥ 戦国時代に政論家として大活躍

討論，議論時代

さて、三須照利教授が、この『諸子百家』に興味をもったのは、ほかならぬ〝数学の目〟によるもので、第一は左の五家、特に「儒教」「道教」および種々のパラドクスの活気ある時期が、インドの「仏教」やギリシアのソフィストたちの活躍時代（紀元前四世紀前後）と、あまりにも〝偶然の一致〟があったことの発見である。

諸子百家と各家著名人

儒　家――孔子、子思子、曽子、孟子、荀子
墨　家――墨子、随巣子
道　家――老子、荘子、列子
名　家――恵施、公孫竜《こうそんりゅう》
法　家――李悝《りかい》、商鞅《しょうおう》、申不害、慎到、韓非子、李斯《りし》
縦横家――蘇秦、張儀
兵　家――孫武、呉起、孫臏《そんぴん》、尉繚《いりょう》
陰陽家――鄒衍《すうえん》、鄒奭《すうせき》
農　家――許行
雑　家――呂不韋《りょふい》

（儒家と道家：対立）
（儒家〜法家：五家）

第二は、思考を深める「論理」の学問が、平和時に発展するのは当然なことであるが、戦乱という不安な社会の中において、論理が研究し続けられたという問題である。

後者の件は、群雄割拠、実力主義、下剋上の世の中とはいえ、一方のどかな面もあり、鉄製農器の製造、商人や手工業者の活躍、青銅貨幣の国境を越えた流通など社会、経済、文化の面でいちじるしい発達をした時期でもあった。この〝戦時の平和〟が、三須照利教授のなかなか理解できない点であったが、わが国の戦国時代を考えても——どちらも同一民族の中での争いである——似たようなノドカなものと想像し、一応納得することにした。

さて、諸子百家の中で最初に登場するのは**孔子**（五八ページ参考）で、春秋時代後期の各国が対内、対外問題で緊迫した情況であったことから、政治、道徳の理論に秀でた孔子は各国から招かれた。儒教の〝儒〟とは、「公卿大夫の子弟（国子）に道徳を教えたり、六芸に通じて郷里で師になったりするものに対して称したもの」（周の制度）である。

孔子の百年後に**孟子**がこの教学を一段と多彩なものとして、世に広めた。孟子は孔子と同じ山東省の出身で、思想家・政論家、教育者として活躍し、斉、宋、滕《とう》、魏を遊歴して、各国王の説客となったという。大きな説得力をもっていたのであろう。

儒教に対立的なものが道教であり、これの教祖が孔子と同時代の**老子**（五八ページ参考）といわれている。中国人の間では、

「出世して栄誉を極めたとき、儒教徒になり、逆境に陥ったときは道教徒にひかれる」

といわれるという。このことからも、この二つが〝対立思想〟であることがわかるであろう。

孔子による〝乱世に秩序を、平和に道徳を〟の儒教、高邁な論理の説話に堅苦しい思いをした人々は、〝無為自然の道〟を説いた老荘のファジィ的思想に安楽をおぼえたといわれ、心のバランスとして両者が対立しながらも人々に受け入れられた、ということのようである。

「易」における陰陽という二元的な考え方が、中国文化のバランス感覚だともいわれる。

孔孟と老荘、これを簡単にいえば、「堅苦しさと柔軟さ」ということになり、この思想はわが国へも伝えられたが、日本人的まじめさは儒教の影響の方が大きい。

東京「湯島聖堂」の孔子像

老子出関図

ここは見開きページによって「詭弁（パラドクス）総集編」ともいえる荘子の論調をみることにする。あなたも、その見事さ！　に思わず〃うなって〃しまうであろう。

荘子の『天下編』（命題二一事）の分類

一、定義
- ⑦火は熱からず
- ⑩目は見えず
- ⑰狗は犬に非ず

（いずれも逆説的なもの）

二、同一性、連続性
- ①卵に毛有り（六八ページ参考）
- ④犬は以って羊と為すべし（同じ胎盤動物だから差別を捨象）
- ⑤馬に卵あり（卵生も胎生も、動物の一種）
- ⑥丁子《がま》に尾有り（ガマの子のオタマジャクシは尾がある）

三、一様相
- ⑫亀は蛇より長し（長短はそれぞれ長さの一様相に過ぎぬ）
- ⑲白狗は黒し（白も黒も色の一様相で差別がない）

四、相対的な差異
- ③郢《えい》（楚の都）は天下を有す（天下より小だが、大小は相対的な差異）

五、概念の分析
- ②鶏は三足（鶏の足の名が一、具体物が二で合計三）
- ⑱黄馬、驪《り》（黒）牛は三（馬牛で一、色が二で合計三）

六、名実の分析と矛盾
- ⑬矩《く》は方ならず、規は円を為すべからず（観念と実際の分析。矩は直角、規はコンパス）
- ⑭さく（あな）はぜい（栓）を囲まず（ピタリとおさまるには、少しすき間がある）

七、運動の否定
⑨ 輪は蹍《きし》らず（運動を分析し、矛盾から運動の否定）
⑮ 飛鳥の影は未だかつて動かざるなり（飛鳥不動）
⑯ 鏃矢の疾《はや》き、しかも行かず止まざるの時有り（飛矢不動）

八、半分の半分 ㉑ 一尺のムチ、日々その半ばをとれば万世尽きず（二分法）

その他「山は口を出す」（山は無生物だが、山彦が話する）など、こじつけもあるが、ナルホド不思議と思わされるものもある。

〝運動の否定〟では、なんと古代ギリシアのパラドクスと似ている。偶然の一致か？

ツェノンの逆説（B.C. 5世紀）

4種の中の2つ

飛矢不動

飛ぶ矢は瞬間，空中で止まっている。それがナゼ動くか？

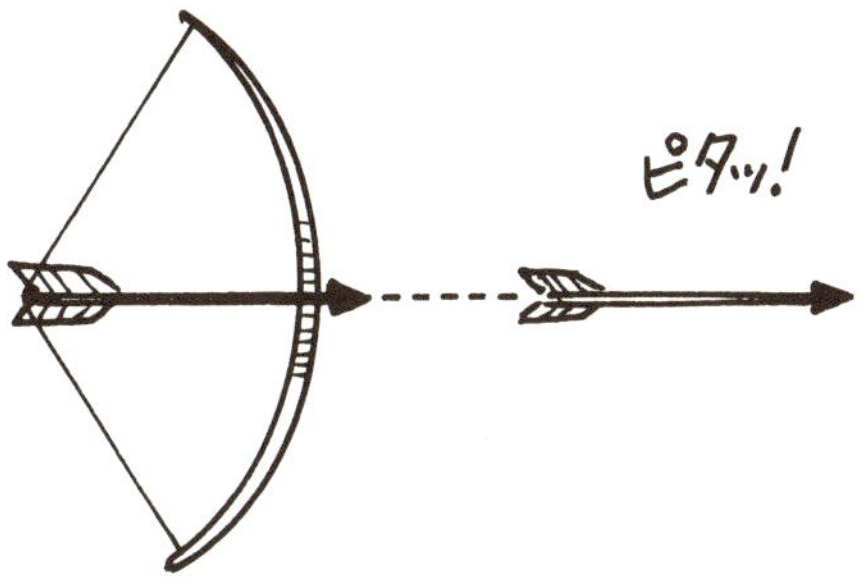

二分法

ドアまでには，中点，中点…ととっていくと無限の点があり，ドアへ行くことはできない。

アキレスと亀，競技場　（図略）

（注）くわしくは『ピラミッドで数学しよう』（黎明書房）参考

「柔よく剛を制す」の諺は、日本では柔道の代名詞のようになっているが、これは老子の「柔弱こそが剛強を制す」という、一見詭弁のようなところからきているものである。

これは、水を例にとって説明されている。

○水は自然に低所を好む
○水が堅い岩を砕き、押し流す
○水攻めによって堅強な城が落とされる

などで、身近でわかりやすい例によって説得していく点『イソップ寓話』（紀元前六世紀）的な面がみられる。老子はこれを天下統一の方策として国王へ説得する、つまり、

○大河は、小川の水を集めて成る
○大河が小川を集められるのは、低い位置にあるからだ

として、王がへり下ってこそ、民の支持を得る、とし、民を大切にすることを説いた。

このようにみてくると、同じ論理学者であっても、

孔孟は表面
老荘は裏面 } からの説得術

ということができよう。

一応の結論を得た三須照利教授は、先へと進んだ。

水は
どんな器
にもえる
軟らかい
もので
あるが…

日本ではよく知られている、名家の公孫竜、法家の韓非子などについては後の章でゆっくりとりあげるとして、有名五家の残りの一つ墨家の理論思想について考えてみることにしよう。

墨家は、墨翟《ぼくてき》が創始した儒家の分派であるが、儒家を攻撃した対立的な思想である。相異点を一口でいえば、戦国時代にふさわしく闘争的である上、守城戦の研究から兵技家としての教育もおこなわれた。このため、

幾何学、力学、光学、これによって製造した戦闘兵器

という理系の専門学術も学ばれた、といわれるので、諸家と異にするところが大きい。

墨子が、器具製造に従事した木工関係の出身、という説もあり、それが単なる理論家ではない特異な存在にさせたと考えられる。

また、その生い立ちからか、「農と工・肆（商）とる在る人と雖も、能有れば即ち之を挙げ、高く之に爵を予《あた》え、重く之に禄を予う」と述べ、中間的階層の登用を重視した。

三須照利教授にとって、諸子百家の中に『幾何学』が登場したことに、驚きと共に、大きなよろこびを感じたが、ここでは幾何学の証明理論ではなく、設計図、展開図などの類の作図法を主としたものと想像したのである。

彼の図書の中に、方（四角形）、矩（さしがね）、規（コンパス）一中（中心）、厚（立体）、盈（容積）などの語あるいは、端（点）、尺（線）、区内（面）などの関係について述べられている。

傍目八目

孔子と老子の論理

孔子は、春秋時代の後期である紀元前五五一年、魯の国（現、山東省）で生まれた。貧しい育ちであったが、猛烈に勉強して学問を身につけ、魯のほか周、斉などで学者、政治家として活躍し五一歳で魯の国の地方長官になる。しかし政治に失敗し、後は教育者として、三千人もの弟子の教育をし、七三歳で死んだ。儒教の創設者。

『春秋』を編集したのは有名であるが、『論語』は弟子たちが彼の話をまとめて本にした。

儒教は、社会道徳を説いたもので、後世、中国の政治、学術、思想を支配した。

突然の雷や暴風のとき、居ずまいを正し、吉凶に対し、「鳳鳥至らず河図を出ださず、吾やんぬるかな」（瑞兆の鳳凰もこないし、吉兆を背負った竜馬も黄河から出ない）と慨嘆したという。孔子の宗教観念と伝えられている。（竜馬、河図は二三ページ参考）

老子は孔子と同時代の人物でしかも対立した意見をもった理論家とされているが、実在について疑問がもたれている。「道の道とすべきは常の道に非ず」と述べ、〝道〟についての学説をとなえ道家を創設。詭弁に優れている。

三、戦国時代の最強武器

舌は剣より強し

古今東西の戦争の歴史をひもとくと、五カ国、六カ国が入り乱れての戦争もあれば、三〇年、百年戦争、といった長期戦もあり、いろいろのタイプがあるが、ふつう〝戦国時代〟といえば、「ある期間ある地域内で数カ国が勝ったり負けたりの戦い」ということであろう。

わが国の戦国時代は、南北朝時代から江戸時代前までの約二百五十年間、中国の戦国時代は、晋が韓《かん》、魏《ぎ》、趙《ちょう》に三分してから秦が天下統一するまでの約二百年間をいう。

いずれにせよ、〝時代〟と呼ぶほどの長期間であるから、その間に種々の戦法が工夫、考案されたであろうが、それは大別すると次の二つである。

正攻法――新しい兵器の創案や、攻撃・守備の陣形など

(例)古代ギリシアの騎馬戦車、トルコの大砲、アメリカの原爆

騙攻法――背後から攻めたり、意表を突いたり、スパイ作戦や謀略など

(例)トロイの木馬、たくさんの牛のつのにタイマツをつけ大群にみせる

さて、中国の戦国時代は左の表のようで、周王朝以前のような〝禅譲《ぜんじょう》〟――王がわが子ではなく、優れた家臣に王位を譲る――ではなく、家臣が王を倒す〝下剋上〟を主とした社会であったので、この風潮は道義を頽廃させ暗黒時代を到来させた。

孟子はこれをなげいて次のように述べた。

「世衰へ道微《かす》かにして邪説暴行またおこる。臣にしてその君を弑《しい》する者これあり、子にしてその父を弑する者これあり。孔子おそれて『春秋』を作る。」

戦国時代

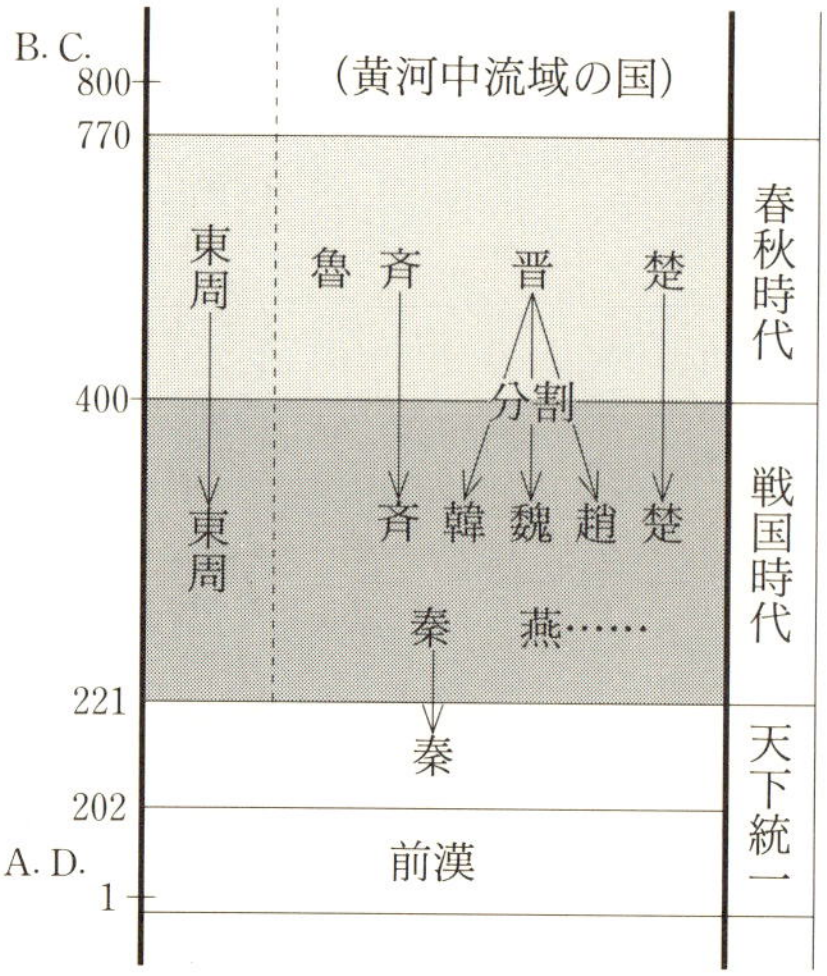

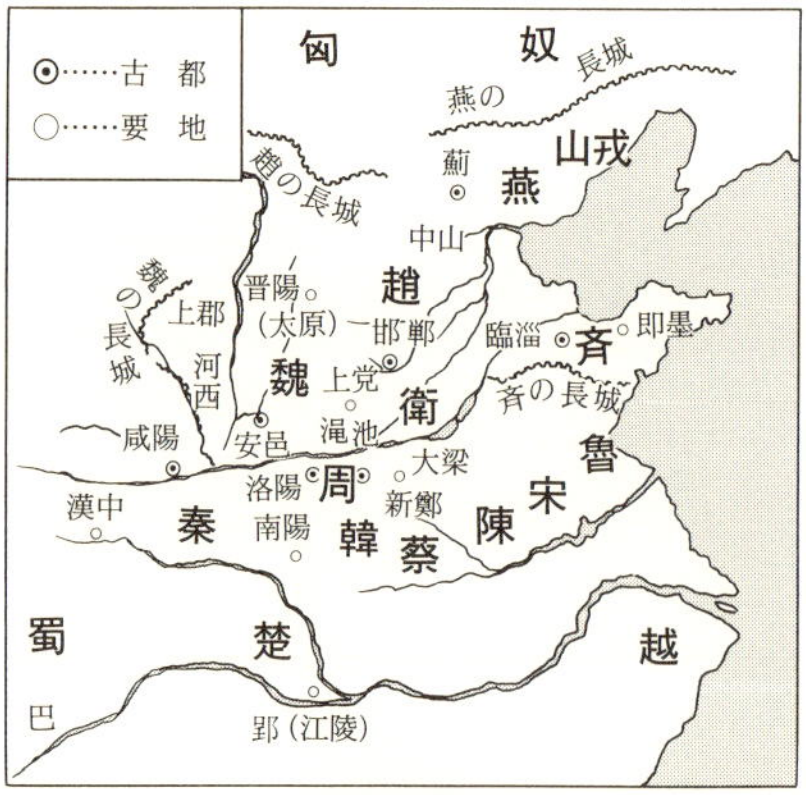

戦国地図

周王朝が無力になると、各地の諸侯は王を名のり、それぞれ富国強兵に努力し、近隣諸国と覇を争ったが、ここで各地から知者を集め、対内外の政略に配慮した。

対内――儒教により道義を解き、秩序ある平和な王道政治を徹底させる
対外――ひそかに近隣諸国に、間諜（スパイ）を送り、デマを流して人心を混乱させる

これらの仕事に有能な説得力のある論客、弁舌家、詭弁家たちを集めるのに、いろいろな工夫が伝説のようにして知らされている。

覇者の一人、斉の名君桓《かん》公が自国を強力にするために、一芸に秀でた者は採用する、というフレを出したが、一向に人材が集まらなかった。ある日一人の若者が応募してきたので、その特技を聞くと、「九九が唱えられる」といい、「私を採用すると、斉では九九が唱えられるだけで採用するということが伝わり、中国全土から優秀な人材が集まるでしょう」と語った。事実、彼を採用したら、多くの人材が集まったという。

これに似た話は、四百年後に登場する。

燕《えん》王の賢臣郭隗《かくかい》が、王から優秀な賢者を集める方法をたずねられたときの有名なセリフ、「まず隗より始めよ」である。

この話には前段がある。

昔、ある王が名馬を探しているとき、近臣が遠方から〝名馬の骨〟を五百金という大金を出して買って帰った。人々がなんて馬鹿な買物をしたのか、といぶかると、彼は、

「死馬の骨でさえ大金で買うほどだから、生きた馬なら、さぞ高く売れるだろう、と名馬の売り手が集まってくる。」

といった。案の定、名馬の売り手があらわれ、この王は千里の名馬を三頭も手に入れたという。

郭隗は、この話を例として、遠大な事業を進めるには、ごく身近なところから始めるのがよい、と王に進言した。その結果、彼は重臣に起用されたのである。

これらの話は、新聞、TVやラジオや電話などという速い通信伝達機関がない時代でも〝良い話、もうけの話〟といったものが、風の如く人々に伝わり、広まる、ということを示す好例といえよう。

良い話、もうけ話だけではなく、ときに流言飛語を上手に伝播させるのが、優れた政略家ということになり、その内容によってこの国の人民をひきつける一方、他国の人心をまどわす手段に利用できるといえる。

かつて優秀なスパイ一人は、四万人の軍隊に匹敵する、といわれたことがある。

〝説得力ある話術〟

これが平和時以上に、戦時には強力な武器になったのである。

孟子が、梁国の恵王をさとした有名な説得話がある。あるとき王が彼に相談した。

「自分は政治に非常に努力しているのに、一向に人民がふえない。隣国ではたいした政治をしていないのに、人民が減らないがそれはどうしてか?」

ふつう、善政をすると人々がその国に集まり、人口がふえるのである。孟子は、

「戦場で恐ろしさのあまり五十歩逃げた兵士が、百歩逃げた兵士をみて笑えるでしょうか。王の善政は、まだ隣国の政治とあまり変りがありません。」

と語ったという。

この話が後世『五十歩百歩』の諺となった。

孟子は民本主義の提唱者であり、〝戦争の勝敗は民による〟といったという。

さて、見事な説得法を三つ紹介したが、ここで説得術の基本型ともいうものをまとめてみよう。

これには、厳密な論理展開から、怪しげなインチキ宗教的な話法など実にさまざまであり、頭脳で納得できるものから、つい感情で「ウン」といってしまうものまで複雑そのものである。

三須照利教授は次のように分類している。

説得術の基本型

型	手法	例
一、論理正統型	論証 実証	いわゆる「証明」。数学など
二、共鳴仲間型	相手と同意見とする おだてる	セールスマンの販売など
三、集団心理利用	みんなが…… くり返しくり返し	テレビコマーシャルなど
四、強い信頼性	名言、教訓、諺 有名人の引用 「立て板に水」式 数字の並べ立て	政治家、実業家など
五、カリスマ性	「俺についてこい」式 神の啓示による	ナポレオン、キリストなど
六、その他		

〝儒教は思想的武器〟といわれるが、広く「説得術」は戦国時代の最強武器としておおいに利用されたのである。

四、パラドクスの妙

詭弁・強弁・こじつけ弁

多数の人間の中には、天《あま》の邪鬼《じゃく》的人間が存在するし、一人の個人の心の中にも大なり小なり表と裏がある。

春秋戦国時代の平和と治国に大きな貢献をした〝孔孟思想〟は、「礼儀正しく、几帳面で律義、道徳的で忠君愛国、父母・年長者をうやまい……」といった優等生的なものであった。――これがわが国の教育方針として長く尊重された――

すでに述べたように道家の老荘や、儒家の分派である墨家などは、この堅苦しさの裏返し思想という立場をとった。一種の天の邪鬼的発想である。

たとえ話として、「孔孟は昼働く、老荘は夜一杯やる」というものがある。

孔孟たちが立身出世して国の政治にたずさわったのに対し、老荘たちは〝陸沈〟と呼ばれる下役人に甘んじ、外野から世評を皮肉ったのも対照的である。

世の中にはすべて、光と影、表と裏、昼と夜、天国と地獄、……といった一組の対があるように、正論には逆説（詭弁、パラドクス）がある。これがたいへん興味深い。

三須照利教授も、江戸っ子的な権力、体制反抗の血が体内を流れているためか、とかく人々から天の邪鬼的性格とみられている。

こんな彼には、パラドクスにはたまらない魅力を感じ、若い頃から研究しているが、このパラドクスは、古代ギリシア紀元前五世紀頃の〝ソフィスト〟という町の教育者集団がやがて、人々に難問、奇問を投げかけ、「ソフィスト＝詭弁者」と変容したように、詭弁は正論の続いたあとに発生するものであることを発見した。

中国のパラドクスも、春秋時代の諸家の正論のあと、戦国時代に諸家のパラドクスが続々と誕生している。

教育者としての三須照利教授は、パラドクスの効用について持論がある。

幼児に色を教えるのに、たとえば「赤紙」だけみせて、これが赤色だよ、と教えてもあまりよくわからない。このとき、黄色や緑色などの色を同時に示すと、赤という色がよくわかる。

同じように、正論を教えるだけでは、本当の論理が理解できない。そうでないものを一緒に教えると、はっきり正論がとらえられる、という主張である。

ここで、身近な話題から分類的にパラドクスをとりあげてみよう。

パラドクスのいろいろ

一、矛盾的
—名称—

育毛剤の商品名『大森林』と同種の類似品『大林森』。弁当の『ほかほか』に対する『ほっかほか』の商品名。『チキンラーメン』名を菓子商品へ使用した盗用。などなどの名称についての裁判がある。また、「ほめ殺し」の語。

二、似て非的
—定義—

テレフォンカードについてこれを変造した、『変造テレカ』事件の裁判。
自衛隊機の使用は「皇族や外国の国賓等」で等の定義範囲が問題。
「外国難民や在外邦人の救出」が等に入るか、似て非かどうか、の問題。

三、逆転的
—解釈ちがい—

離婚した妻へ、土地・住宅を全部やって無財産になったあと、妻への譲渡所得税二億余円が課税され、一、二審で負けたが、最高裁で〝錯誤〟の解釈がされ、妻が支払うことになった。（大岡裁判的なもの）

四、逆説的
—比喩—

入試問題の『正解』の不当性について、ある作家が「自分の作品が入試問題に出て〝この作者の気持ちを述べよ〟に解答をつけたところ、正答ではなかった」という。本人より正しい答とは何なのか。

五、詭弁的
—すりかえ—

あるすし会社が『冷凍すし』輸入を「食品重量の二〇%を超えた魚介類が含まれていれば米を魚等調整品として輸入できる」ことから詭弁的に外米を輸入した。『牛丼』もこのルールが応用できると予想されている。

さて、中国戦国時代には、どのようなパラドクスが幅をきかせていたのであろうか？　日本文化のルーツであり、論理のデパートともいえる中国では、当然前ページであげた各タイプの具体例をいくつも見出すことができる。

ここで、それぞれについて有名なものをあげてみよう。

一、**矛盾的**　この語の起源『矛盾』は、法家の韓非子によることはよく知られている。ある大道商人が、道端に〝矛〟と、〝盾〟を並べて売っていた。

「サァーお立ち合い！　この矛はどんな丈夫な盾もつき破る鋭い矛なんだよ。」そのあと、「さて、ここにとり出した盾は、どんな鋭い矛でもはね返してしまう頑丈な盾だ」と。

一人のお客が質問した。

「その矛で、この盾をついたらどうなるんだい？」

二、**似て非的**　荘子の『天下編』に「卵に毛有り」というものがある。誰も〝卵〟の定義を聞かれたとき〝毛〟を入れることはないであろう。荘子は次のように説く。

「卵から羽毛のある鳥が生まれる。してみると卵には毛があることになろう」と。これは物事の差別を無視して、同一性、連続性に注目したものといえる。

三、**逆転的**　「知るものは言わず、言うものは知らず」というわかるようなわからないような――。

似たものに「善なるものは弁ぜず、弁ずるものは善ならず」がある。

どちらも、本当の知識をもった人、本当の善をもったものは、得意そうにベラベラしゃべったりはしない。生半可な人が知ったかぶりをするものだ、ということである。

一般的には、滔々《とうとう》とよくしゃべる人が、知者であり、善者であるように人々が思うことについて、それは考えちがいだと警告をすると共に、本当の知者、善者になったら、軽々しくならないものだよ、という話。

四、**逆説的**　老荘の話の中にたいへん多い。「道の道とすべきは、常の道に非ず」も一つ。

これらの中で代表的なものが〝無用の用〟であろう。

「人みな有用の用を知りて、無用の用を知るなきなり。」

これはふつう世間から無用だとみなされているものこそが、実は本当に有用なのだ、という。

「大巧《こう》は拙《せつ》の如し、大弁は訥《とつ》の如し」もそれ。

巧みの極致は最も拙《つたな》いもののようにみえる。また、雄弁は訥弁《とつべん》に似て多くを語らない、と述べる。見た目や狭い範囲のところでその価値について軽率な判断をしないように注意したもの。

無用の用

五、**詭弁的**　なんといっても公孫竜の『白馬編』『堅白編』であろう。

あるとき公孫竜が旅をして、国境の関所に来たところ、関所の役人に馬の入国税を払え、といわれたとき、「この馬は〝白馬〟である。白は色の概念であり、馬は動物の概念であって両者に共通なものはない。つまり、白馬は、馬とはちがう範疇《はんちゅう》にあるもので、馬ではないから、馬の税金は支払えない」と、滔々と述べた。が、結局支払って通ったという。

〔**参考**〕「青と黄を交ぜると、緑ができ、これは青でも黄でもない」という話を悪用したものと考えればいい。

『堅白論』というのは、世の中には〝堅白石〟という石はない、という話。

「堅い石」とはさわってわかる石。「白い石」とはみてわかる石。よって堅石、白石という石はあるが、それを一つにした堅白石はない、と説明する。

視覚と触覚とは別なものなので、一緒にすることはできない、という。

六、**その他**　「進んで敢《あ》えて前とならず、退きて敢えて後とならず。」荘子の生き方の説。先頭に立つと頑張り続けるため疲れ、ビリだといろいろ批判される。戦闘場面を例にとると、先頭は敵に一番に標的にされるし、ビリは臆病者と馬鹿にされる。この教訓は中庸で理想的な話に思われるが、たくさんの人が、みなこの方針で行動したらどうなるか？　実際には成立しない話になる。〝ずるく生きよ〟ともとれる。

名家の恵施は「天は地と共に卑《ひく》く山は沢と共に平かなり」と、天地、山沢の高低は区別しないという、一見非常識に思われるが、無限の空間からみれば、差にならないという物の世界の相対性について述べた。地球儀がツルリとしているようなもの。

この恵施は、梁（魏）の恵王に仕え、弁舌が優れ、政治、外交面で活躍したが、梁、楚、宋そして梁と回り、最後には宰相となった。

彼と同じ名家の後輩で前述の公孫竜も、趙、燕の両国王に会って休戦を説いたり、ときに戦略の指導をしたりした。また、法家の韓非子は、韓国の公子で、秦に使節として派遣され殺されたという。生まれつきの吃音であったが、多くの優れた著書を出版し、「孤憤《こふん》」と「五蠹《と》」の二篇は秦の始皇帝に愛読され、それが側近のねたみを買った。

このようにみてくると、「陸沈」（下役人）に甘んじた道家の老子、荘子たちを除くと、諸子百家の理論家たちは、時代の第一線にあって、国政や外交に大活躍したことを知るのである。

傍目八目

数学の妙な質問

次のおのおのに答えよ

（問１）　０は正の数でも負の数でもない。
１は素数でも非素数でもない。
０は基準点であるが，１は何なのか。

（問２）　整数の性質の特徴の１つに，公約数，公倍数がある。
－８と－12の公約数，公倍数はどんな整数か。

（問３）　４÷４＝１，10÷10＝１
よって，０÷０＝１か。

（問４）　右の２つの線分 ℓ，m は平行といえるか。また，ℓ，n は垂直といえるか。

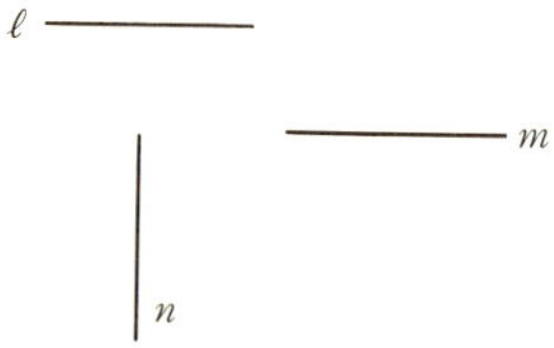

（問５）　円とは，
①　円周のこと
②　円周と内部
③　内部
のどれか。

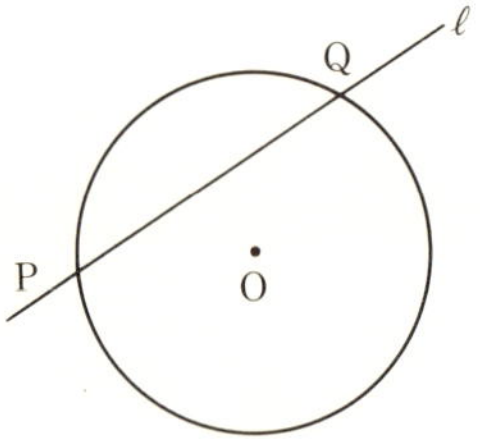

（答は巻末）

五、「科挙」制の功罪

中国官僚の条件

国家が成立すれば、国王の手足となる臣下が必要であり、それを組織化したものが官僚制度になる。これの充実のためには中央集権制でも地方分権制でも、大小の差はあれ、優秀な官僚が必要とされることに変りはない。この組織とは別の存在で活躍したのが諸子百家であるが、ここでは官僚制度のための官僚選出の方法について調べることにしたい。

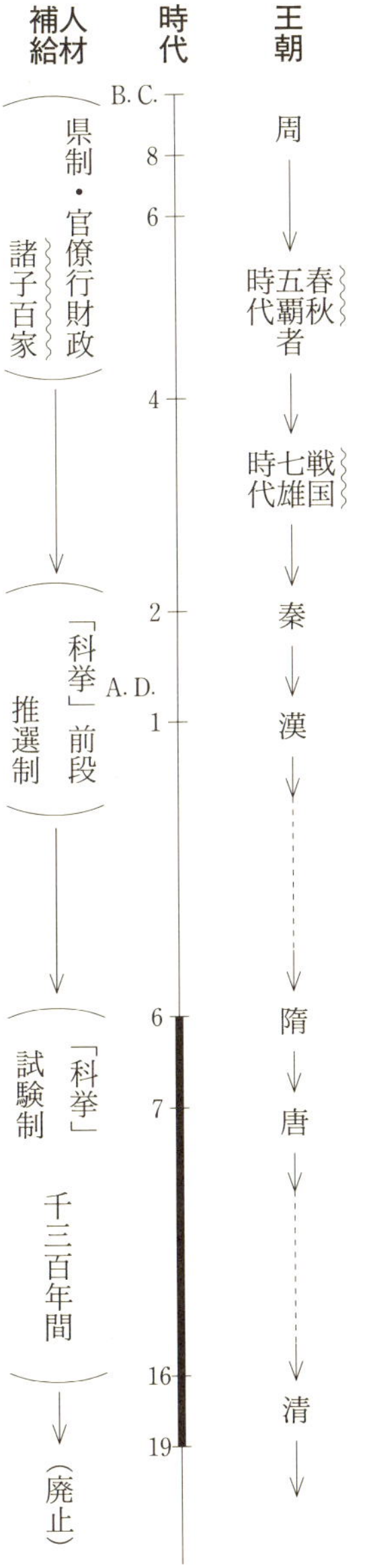

自ら、道教的〝天の邪鬼〟を任ずる三須照利教授にとっては、模範的、儒教的な資質を求められる官僚には、あまり興味をもたないが、彼らへの『論理教育』の内容に関心があった。

それは後にふれるとして、まず前ページの表にある人材補給の歴史について簡単に述べよう。

周代から組織的におこなわれたというのであるから、三千年の歴史をもっていることである。が一応制度が整ったのは、全国統一がなされた秦の時代からで、このときは次の方法があった。

選挙――地方官などが、候補者を推薦する

貢挙《こうきょ》――地方から物産を献上するように、人材を朝廷へ献上する

これには不正や情実があったことから、隋の煬帝が門閥偏重打破と人材登用の目的で試験制度を採用した。これが〝科挙〟で、正確には「科目別選考挙用」というものである。

毎年、全国の秀才中から三〇名の〝進士〟(合格者)が選ばれるというたいへんな狭い門であるので、合格者のよろこびは想像を超えたものであったという。

試験制度は情実など入らなく公正でよいが、

「文芸のみはおかしい。徳行を重んぜよ。」

という議論がつねにできたことは、昔も今も変らないことである。

文官選抜―科挙―

武官選抜―武挙―

また、二千人の受験生に対して、父母や教師、お供などの付き添いが一万人以上いた、という記録があり、これも現代同様で、人間社会の不変な現象かと思われる。

さて、この辺で、試験科目、内容、さらに登用後の勉学などについてふれたいが〝科挙〟の名称の期間でも千三百年という長期なので、途中いろいろと王朝の変化や功罪による変遷があり、一概には述べられない。ここではもっとも長く安定した唐代のものについて紹介することにしよう。

（入試学科）

秀才、明経、進士、明法、明学、明算――これは数学――

（試験）

地方での予備試験に合格したものに対して、三年ごとに、次の三段階の試験がある。

㈠　郷試　省単位でおこなわれる全国共通試験（解試、省試ともいう）

㈡　会試　紫禁城（北京）の保安殿での選抜試験

㈢　殿試　皇帝が直接出題する最終試験

殿試の合格者は、三〇名ぐらいで、その首席合格者は「状元《じょうげん》」と呼ばれ、多くのものが将来大臣へと昇進している。

こうしたこともあってか、殿試合格者に対しては数日にわたる祝事がある上、出身村ではおおいに彼らをたたえたという。それだけに不合格のものの落胆は大きかった。

（合格者）

郷試合格者　挙人

会試合格者　貢人

殿試合格者　進士

わが国では、五世紀の大陸文化伝来、七世紀の遣隋使、八、九世紀の遣唐使などを通して、中国の制度を多く採用してきたが、「科挙」の制度は採り入れていないようであった。

これは、日本側の官僚制度が封建的世襲的で、門閥中心であったからである。

現代日本の官吏採用では、「国家公務員試験」の制度があり、これの上級職試験合格者は高級官僚（キャリア）への道として開かれている。一種の「科挙」制といえよう。

さて、中国の「科挙」合格者は次の六学について勉強をすることになる。

国子学、太学、四門学、律学、書学、算学

官僚への資質として、入試で〝明算〟、後に〝算学〟とあり、数学の必要性は高かった。

これは、徴税関係、建築設計、土木治水事業、あるいは暦作りなどの仕事に欠くことができなかったからであろう。また、法律立案や弁論、裁判などでの「論理」の才能も不可欠であり、多く学ばれたことと想像される。諸子百家以来の長い伝統をもつ達弁、能弁、さらに詭弁の国として、これらの能力が求められたのであろう。

第3章

『西遊記ランド』の夢と西域地図

どちらの孫悟空が背が高いか？

玄奘も通った交河故城
二河の交わる要塞の地

火焰山の麓にある
『西遊記』のメンバー像

一、シルクロードの点と線

ケモノ道から〝物資の道〟

シルクロード〝絹の道〟――中国名、絲綢之路――は、前漢の武帝が、将軍張騫《けん》にある使命（後述）を与えて長安（現、西安）から出発させ、十余年をかけて、西域との交易路を開発させたものである。これによって東西貿易が活発化し、中国の特産品の代表である絹が運ばれ、紀元前後のころには、ギリシア人やローマ人が中国を『セリカ』（絹の国）と呼んだ。

この道は、一三世紀に〝海の道〟ができるまで発展したという。

余談であるが、唐代の漢詩に『送元二使安西』（元二《げんじ》の安西《あんせい》に使《つかい》するを送る）という送別の詩がある。

これは西安から西へ旅に出る友人を西安の北の郊外、渭城《いじょう》（現、咸陽《かんよう》）まで送り、そこで酒を飲みかわし、安全を祈りながら別れる、というものである。

わが国の江戸時代でも、江戸から〝お伊勢参り〟や京へ行く友人、知人を、品川宿までついていき、そこで見送り別れを告げる、とい

気をつけて
旅をしてくださいね
みんなも
元気でナ

送元二使安西（王維　作）

う習慣があった。

どこの国でも遠く旅する人とは、別れの酒を飲みかわしたり見送るという人情の共通性に、興味を感じる。

さて、西欧にとって貴重で高価な〝絹〟は、多くの国やオアシス間の中継貿易を経てローマへと運ばれ利益を得るので、おそらく各国では自国で絹を生産して大もうけをしようと考えたにちがいない。

あなたが、シルクロード途中の国の国王であったとしたら、やはりそんなことを計画するであろう。

中国では、絹を独占輸出品にするために、国境の道という道に関所を設け、種繭《まゆ》がもち出されないよう出国者の荷物を厳重に検査した。(「陽関」は有名な関所、八五ページに写真)

これについて、次のような話が伝えられている。

ホータン近くの『チュサタンナ』の国王は、絹が欲しく、種繭を手に入れることを計画し、中原の国の王の姫を嫁にすることにした。この姫の嫁入りで王冠の中に種繭を隠し、見事、手に入れることに成功した、という。

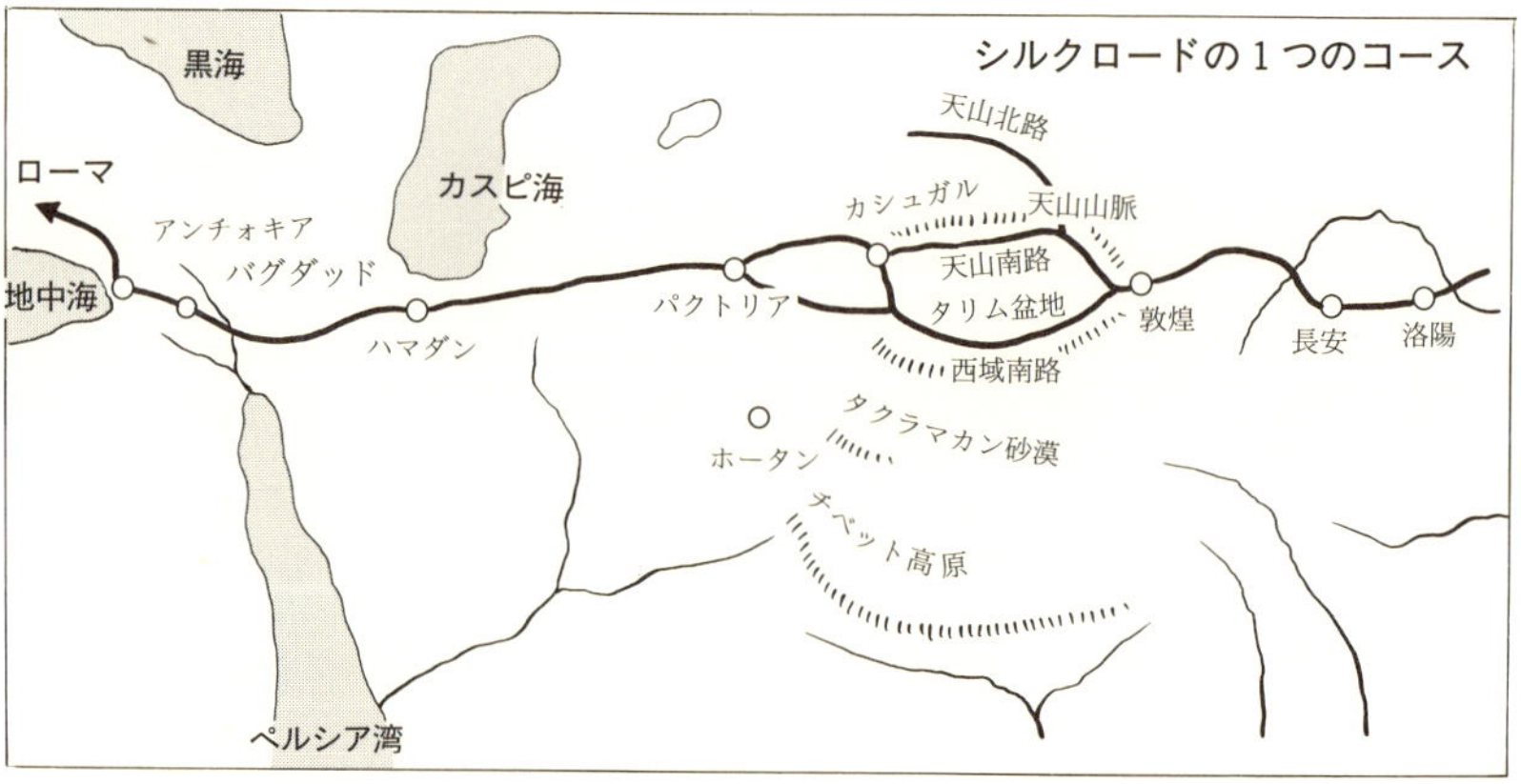

三須照利教授は、この伝説は信用できないものと考えた。つまり、いくら王の姫といえども、種繭のような大きなものが、厳重なチェックをする関所を通ることは不可能であろう、という推理なのである。

〝種繭が異国の手に〟のミステリーについて彼は別の想像をしている。

絹の生産を自国でおこなうためには、これを作る蚕《かいこ》か繭、蛾《が》や卵などのいずれかを手に入れなくてはならない。

一番手早い蚕をもち出すのは、一番難しい。チュサタンナ国王が繭をもち出すことを考えたのは、蚕のように死にやすくない上、いずれ蛾が出てきて卵を生み、それでふやすことができると考えたからであろう。

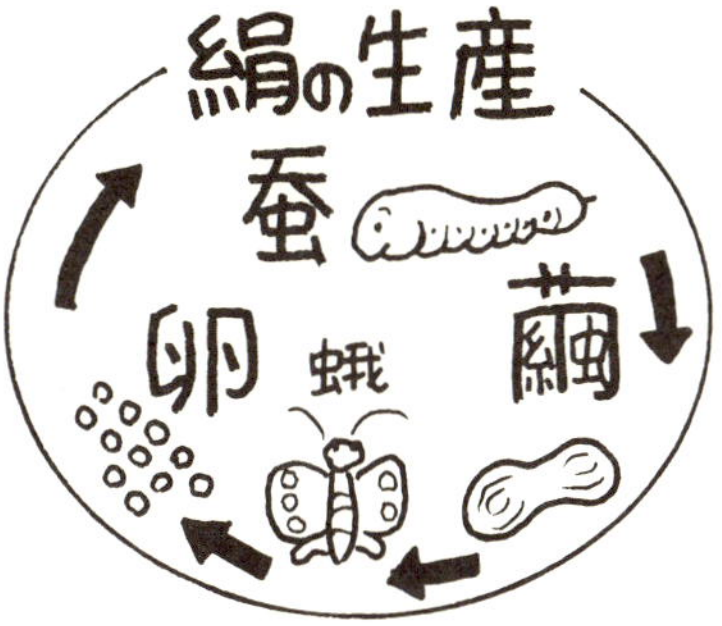

しかし……と、三須照利教授は、チュサタンナの話を信じていない。姫の王冠に隠し入れたとしても繭の大きさからいって一〇個と入れることはできないし、これでは大量の蚕による本格的な絹の生産のために何年もかかってしまう。

彼は〝卵〟を次の方法でひそかにもち出したものと予想した。あの黄色で小さな卵を、「数の子」と同色に染め、数の子と混ぜて他の食料と一緒に多量に運んだであろう、と。

シルクロードのミステリーである。

三須照利教授は、こんな子どもじみた話について、いろいろ空想しながら、二千年の昔、張騫が歩いたであろうシルクロードの道を、汽車やバスで探訪することにした。

十一王朝がその都にしたという長安（現、西安）の、高い城壁の西方にある西門が、その出発点として名高い。

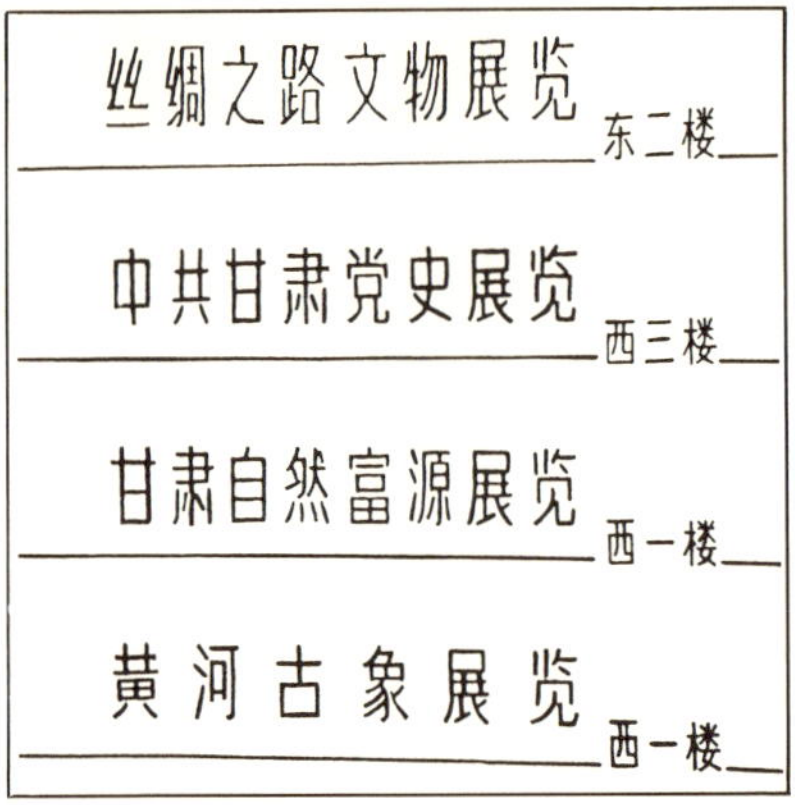

甘粛省博物館（蘭州）の掲示板

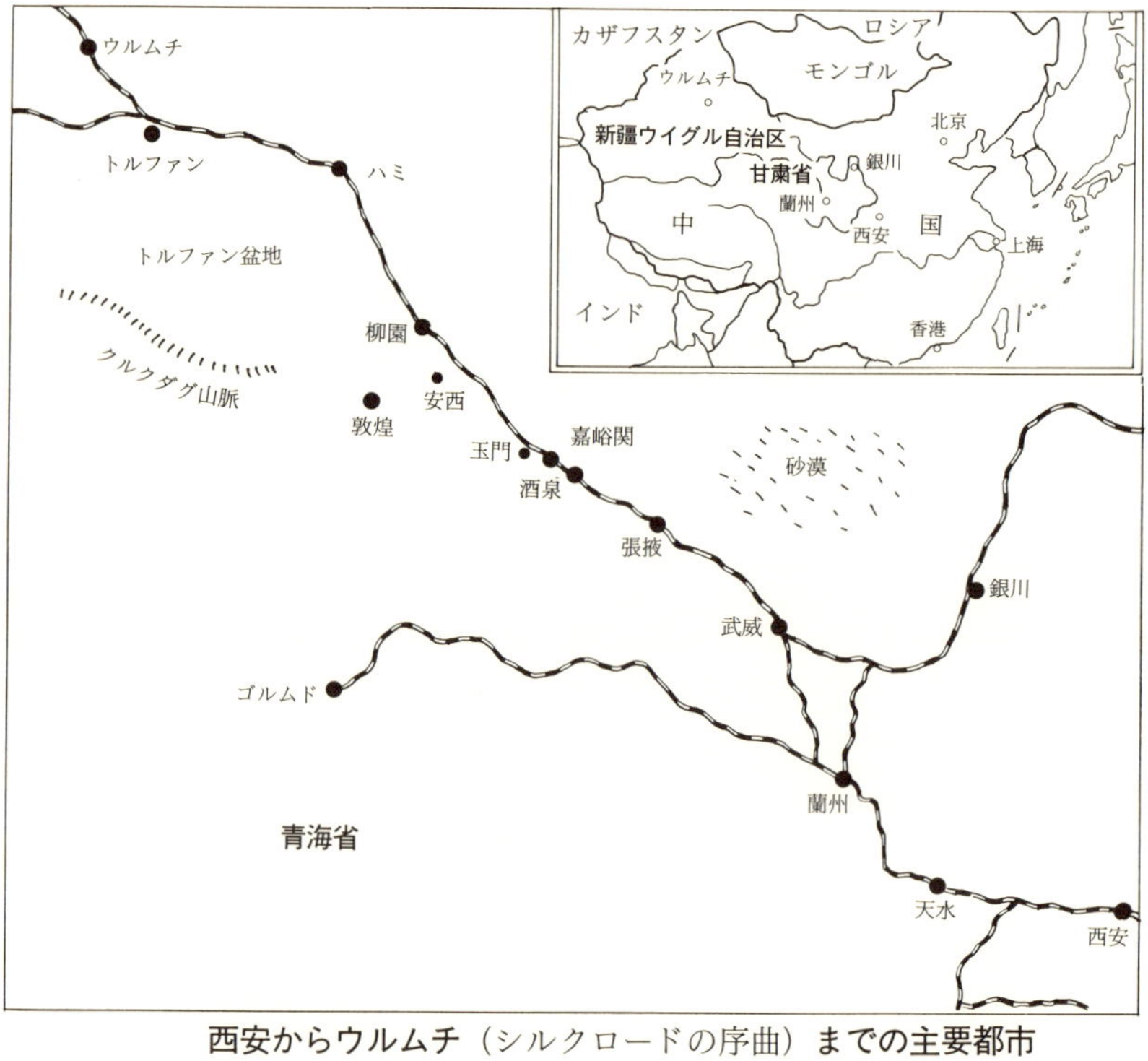

西安からウルムチ（シルクロードの序曲）までの主要都市

前ページや下の地図と、次ページの写真をみながら、あなたも三須照利教授と共に「シルクロードの序曲」を旅してみよう（シルクロードの名は、一八七七年ドイツの地理学者リヒトホフェンによる）。ウルムチまでの主要な街、砂漠内のオアシス都市は次のように転々と続く。

西安（長安）→天水（秦州）→蘭州→武威（涼州）→張掖（甘州）→酒泉（粛州）→嘉峪関→敦煌（沙州）／柳園

（武威〜嘉峪関：河西回廊の四郡（四州））

敦煌→西域南路→

敦煌→天山路（トルファン）→天山南路（クチャ）→……

天山路（トルファン）→天山北路（ウルムチ）→……

漢の武帝は、治政と西域の外敵に備えて、四郡を設けた上、万里の長城の西端の守りとして「嘉峪関」を建設した。

蘭州からのバス旅行では、この四郡はそれぞれ四、五百キロ離れたオアシス都市であり、この間は延々と大粒の石の砂漠地で、無味乾燥であった。

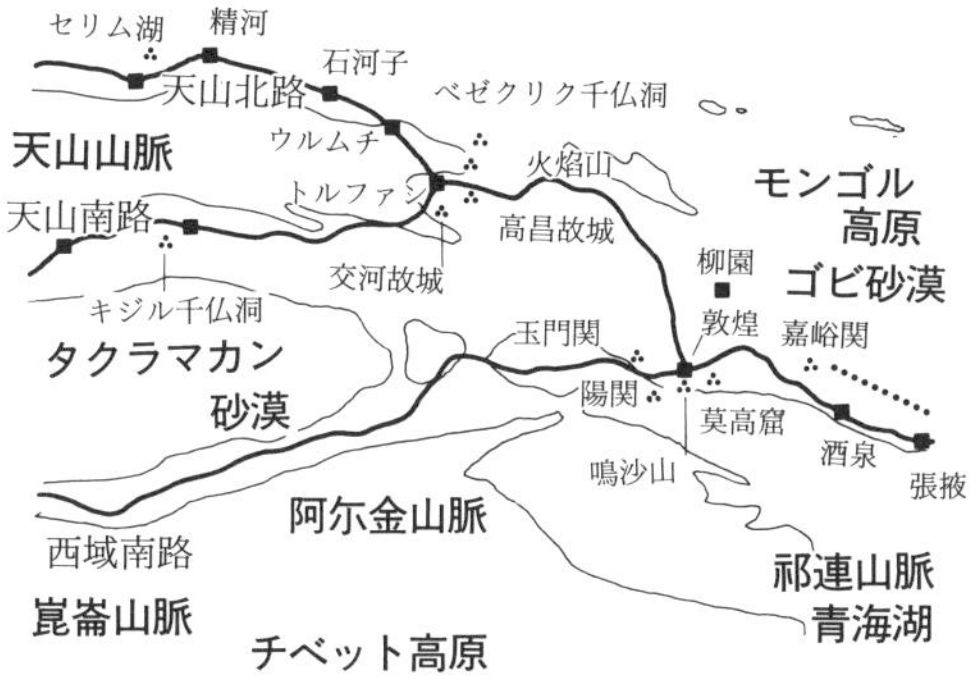

シルクロード入口の遺跡，名勝地など

敦煌の『敦煌賓館』

西安城壁の西門（シルクロード出発点）

東へ延びる万里の長城

万里の長城の西端「嘉峪関」

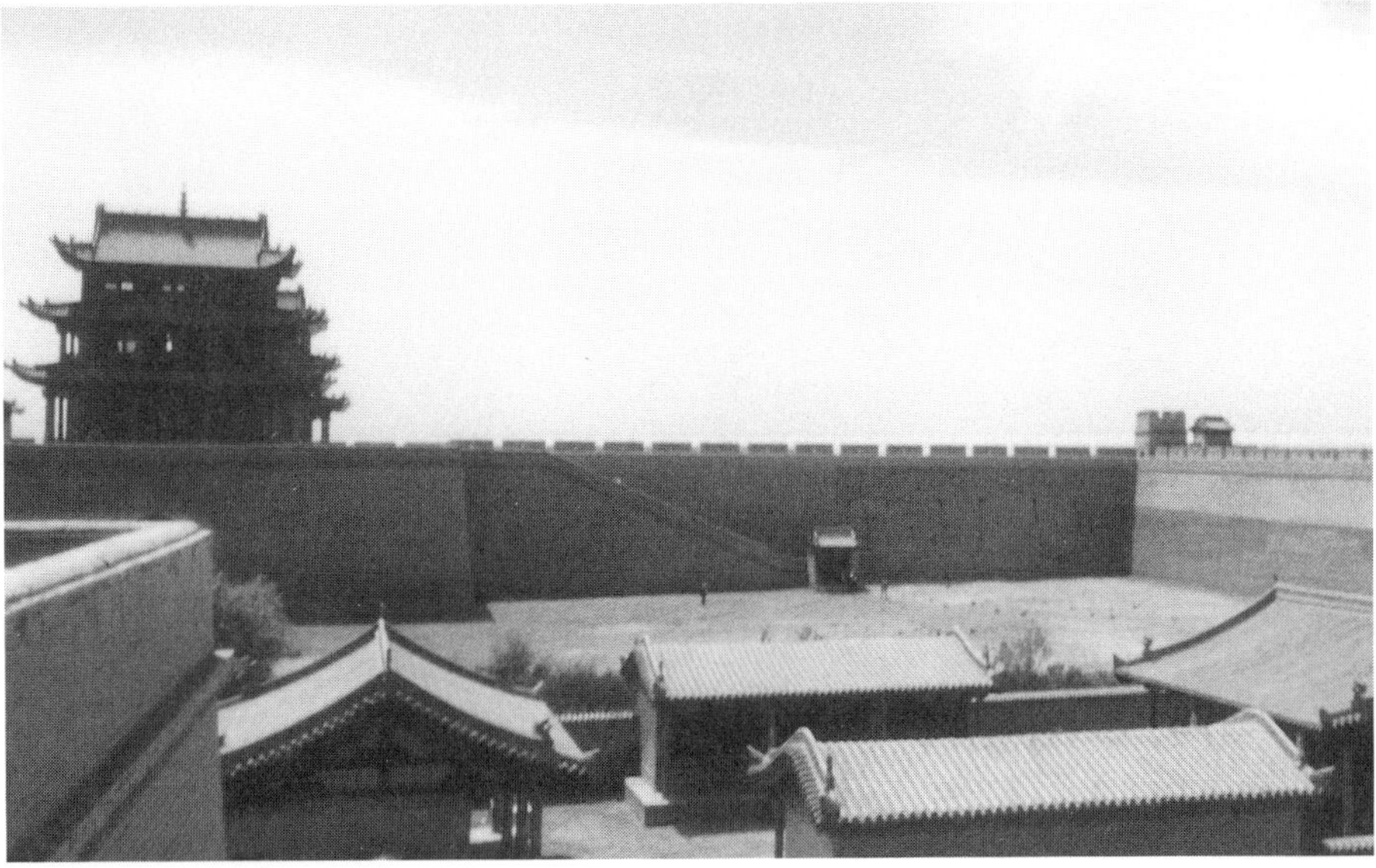

修復された美景の嘉峪関

——設計者の〝計算力〟でレンガが１個残っただけという伝説がある——

「陽関」の狼火（烽火）台

甲渠第四燧遺址
禾意模型

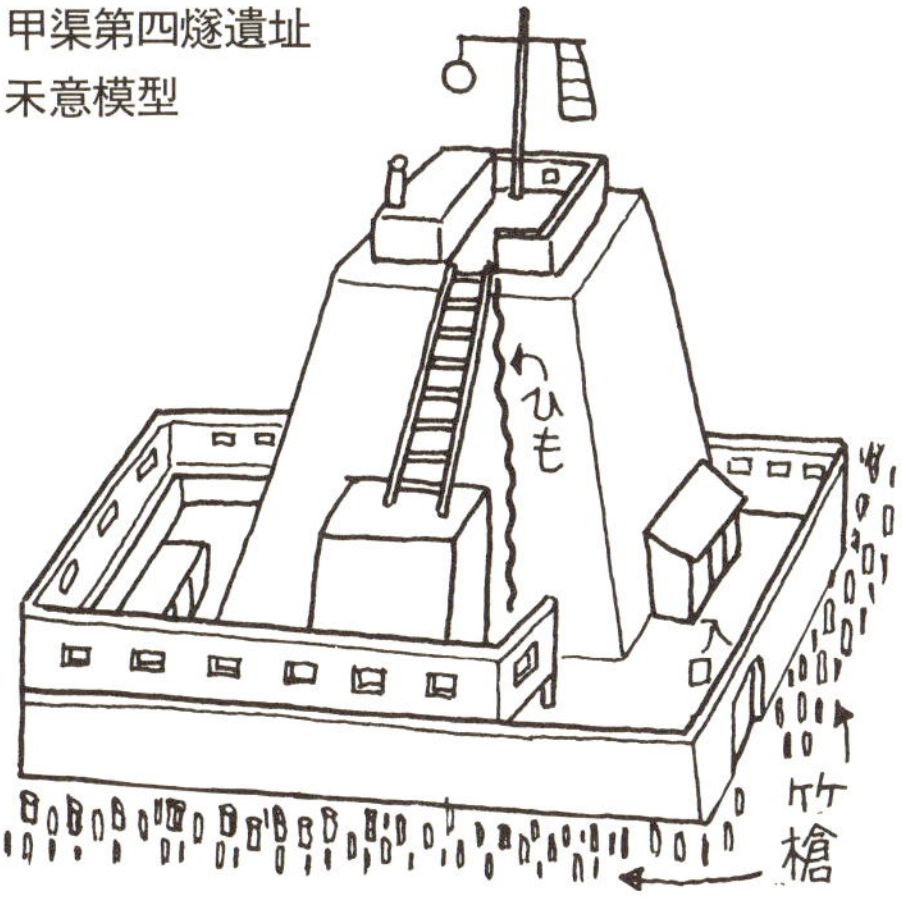

狼火台遠景

ウルムチ空港

トルファン駅

〝砂漠の中の緑のオアシス〟〝山の雪が地下水となり、突如湧き出る泉の町〟

この夢のような美しいひびきの町とは、いったいどんなものか、誰しも種々の想像をするであろう。実際にそれを目にしたときも、実に不思議な感想をもった。

砂漠地帯に、次第に雑草がふえ、道の両側に大きなポプラ並木が続き、そしてその先に緑の小麦畑、真黄色の菜の花畑がそこに点在する。と、間もなく干しレンガの家が並び、人々がふえ、やがて広い道路に自動車や自転車が走り、高いビルが建ち、交差点に信号と警官がいる繁華街になる。

この町、いや「街」を出るときは、これの逆をたどっていくので、その印象が深い。

さて、こうしたオアシス間を結ぶ道は、どうしてできたのだろうか？

三須照利教授は、はじめは水を求めた野生のラクダや山羊、牛、馬などの〝ケモノ道〟だったものが、オアシス間の人々の往来の道になったのであろう、と推測している。

漢の武帝は、脅威となっている匈奴《きょうど》を、かつて侵略を受けうらみをもつ西の大月氏と協力して滅ぼそうとし、張騫を使者にたてたが、彼は匈奴に捕らえられ一〇年余もここで生活させられたが、すきをみて大月氏へ行くことができた。しかし、大月氏は戦うことを拒否したため、帰国の途についたが再び匈奴に捕らえられた。その後釈放されて一三年後に長安に帰り、武帝に西域のさまざまな様子と共に物産を献上した。

これが通商路シルクロードの開発のきっかけになったという。（交易路六五〇〇キロ）

オアシスという点をシルクロードという線で結ぶ、〝点と線〟のお話。

何か推理小説のテーマになる物語である。事実そういう書名の本があった。

(注) 東京のいくつかの区では区内の名所巡りで『知る区ロード』のシャレ企画がある。

〝点と線〟といえば、数学における図形の基本であり、出発点なので見過すわけにはいかないであろう。

ここで点、線、そして面についての定義をひもといてみよう。

『原論』(ユークリッド幾何学)

〔定義〕

1. 点は部分のないものである。
2. 線は幅のない長さである。
3. 線の端は点である。
4. 直なる線は，その上の点に対して一様に横たわる線である。
5. 面は長さと幅だけをもつものである。
6. 面の端は線である。
7. 平らな面は，その上の直線に対して一様に横たわる面である。

…………………………………

〔公理〕

1. 任意の点から任意の点まで直なる線がひけること。
2. 限られた直線（線分）を，それに続いてまっすぐに延長できること。
3. 任意の中心（点）をもった円を，かくことができること。
4. すべての直角は互いに等しいこと。
5. 略（平行線の公理）

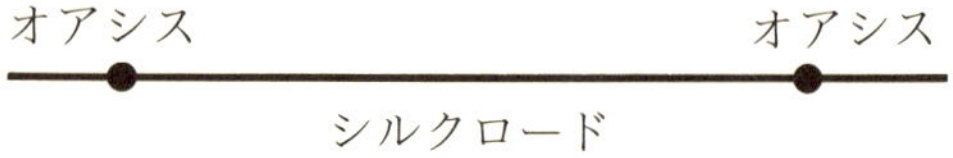

紀元前三百年のギリシアの幾何学者ユークリッドは、『幾何学』を厳密に構成するため、前ページのような、点、線、面についての定義をした。

これによると、オアシスは円であり、シルクロードは長方形となってしまう。しかし、地球規模でおおらかな見方をすれば、点と線といっていいであろうか。

〝直線上には無限の点がある〟（前ページ定義4）

は認めるとして、逆に、

〝大きさのない点を集めて、直線ができるか？〟

といわれたとき、この回答には行きづまってしまうであろう。

点と線と面とについてのパラドクスは数々あるが、有名なペアノの曲線（折れ線）を紹介しよう。（ペアノは二〇世紀イタリアの数学者である）

ペアノの曲線

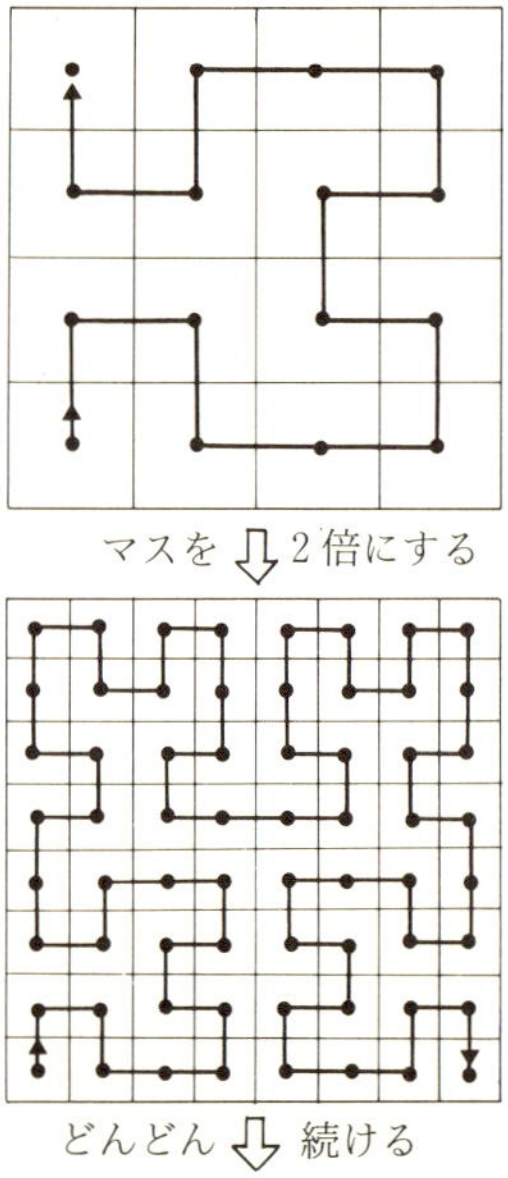

………

「一次元と二次元とは同等」というもので、正方形をマスに分け、その中点を順に折れ線で結ぶ。

これを限りなく続けると平面は線でうまり、一次元と二次元が等しくなる、という。

サテ？

傍目八目

極秘〝門外不出〟の物語

空海は天竺《てんじく》の薬草三粒をもち出すのに、自分の足の肉を割いて隠した、という。ある技術や品物を極秘とし、〝門外不出〟にしたのは、古今東西、それが民族・国単位から、村・個人単位までいろいろある。世界的に有名なベネチア・グラスは、その技術を盗まれないため、ムラノ島で生産し、職人をこの島から出さないことで知られていたが、小は紙すきの技、染色法、料理やラーメンの味、大は企業や国家の秘密にいたるまで、〝秘伝〟といったものがある。

〝数学界〟でも秘伝がある。有名なものを二、三紹介しよう。

○一六世紀のイタリアで三次、四次方程式の解法競争があり、解の公式が秘密とされた。

○一八世紀のフランスでは、モンジュが大砲の攻撃に強い城塞設計法から画法幾何学(投影図)を創案したが、他国へもれないよう三〇年間、軍の秘密とした。

○一七、八世紀の日本の和算では、各派内の最高の免許「印可」は、家元の一子と二人の高弟にしか教授されず、他派には秘密とされた。

○現代の応用数学では、公開はするが〝特許制〟によってアイディアが守られている。

などなど。

二、中国、西欧相互の交換品

「胡算」は算盤？

シルクロードを開発した前漢の張騫は、西域から胡麻《ごま》、胡瓜《きゅうり》、胡桃《くるみ》などをもち帰ったといわれるが、この〝胡〟とは何であろうか。

胡とは「砦の外の諸民族」をさす語で、中国で〝胡人《こじん》〟とは西域の人々、つまり中央アジア・サマルカンド付近の諸国に住むペルシア系住民をいう。胡人はシルクロードの通商に活躍し、商業に秀でたことから商胡と呼ばれ東西の文化交流に大きな役割を果たした。

余談であるが、シルクロードの東の終点といわれる京都にも胡人が来たとの説があり、七世紀末から八世紀初めにかけての「藤原京」跡（奈良）に胡人の描いた絵――墨の線描――がそれの裏付けとなっている。

中国では胡の字がつくと、見下す意味となる場合もあり、胡顔（あつかましい）、胡臭（わきが）、胡乱《うろん》（不確か）、胡散《うさん》（あやしげ）、胡言乱説（でたらめ）などがそれを示しているという。

古今東西、自国より文化レベルの勝《すぐ》れた外国には尊敬の言葉を使い、低い外国に対してはけいべつ的になるのが人のならいなのであろう。

わが国には、古くは〝漢〟の文化の伝来物に対し、漢字、漢文、漢詩、漢数字など、続いて〝唐〟の文化の大きな影響を受け左のように多くの語がある。明治に入ると欧米文化が伝来し、これに対して〝洋〟の語が付けられた。外来数学を『洋算』、これに対し江戸時代の日本の数学を『和算』という名称を用いた。〝洋〟のつく用語を五つほどあげてみよ。

〝胡〟（北方，西方の異民族の意）

胡姫《こき》　胡蝶《こちょう》　胡弓《こきゅう》　胡琴《こきん》　胡椒《こしょう》　胡桃《くるみ》　胡瓜《きゅうり》　胡麻《ごま》

（注）　胡楽《こま》，胡座《あぐら》，胡歌，胡笳《こか》（笛），胡同《こどう》（裏町），胡床《こしょう》（椅子）などもある。

〝唐〟（7〜10世紀）

唐音　唐衣　唐車　唐土　唐詩　唐人　唐子　唐絵　唐紙

遣唐使　毛唐　唐繰り　唐天竺《からてんじく》　唐《から》草模様　唐鋤《すき》

七草囃子♪
七草なずな
唐土の鳥が日本の
国へ渡らぬさきに
手拍子そろえて
すとんとん とんとん
七草がゆ
二胡
弦が２本の三味線

シルクロードで運ばれた有名なものに、後に述べる玄奘の膨大な仏教の教典があるが、四三ページで紹介した大きな数、小さな数の数詞も、仏教語の伝来物である。

三須照利教授は『胡算』というものが、たくさんの「胡○」の中の一つとしてあった、と推測している。

中国では竹文化であり、古くから計算道具として『籌《ちゅう》』（算籌、竹策）を用いた。現在の占い棒（筮《ぜい》竹）である。しかし、いつしか次ページに示す、上段二玉、下段五玉（天二地五）の中国算盤が使用されるようになった。

三須照利教授の推測では、古代ギリシア・ローマで計算に用いた『アバクス』がシルクロードを通り――ロシアにも中国と似た算盤がある――中国に伝えられたので、昔はそれを『胡算』と呼んだであろう、と考えた。『アバクス』では、大理石の溝に入れた小石がバラバラであるが、中国で竹製に改良したとき、玉を串刺しにし、今日の原型を完成したのであろう。

〝『胡算』はきっとあった！〟彼はそう確信している。

砂漠内の〝ラクダの隊商〟もどき（敦煌・鳴沙山へ）

中国から西域、西方へは、絹製品のほか、じゅうたんや陶磁器、宝石、香料などが、西域、西方からは、九一ページにあげた〝胡○〟の数々や象牙、銀器、ガラス器などが運ばれたが、それはラクダの隊商が中心でのんびりおこなわれたのである。

個人でなく隊商によったのは、盗賊の防衛と通行税支払いなどにあったというが、中継交易地では隊商が交代している。通貨や物々交換の基準、言語などの関係もあったであろう。

シルクロードでは、物資のほかに宗教、美術、音楽、学問の文化も伝播されたが、この苛酷で危険なシルクロードが人類文化の発展に貢献したことを思うと、感慨深いものがある。

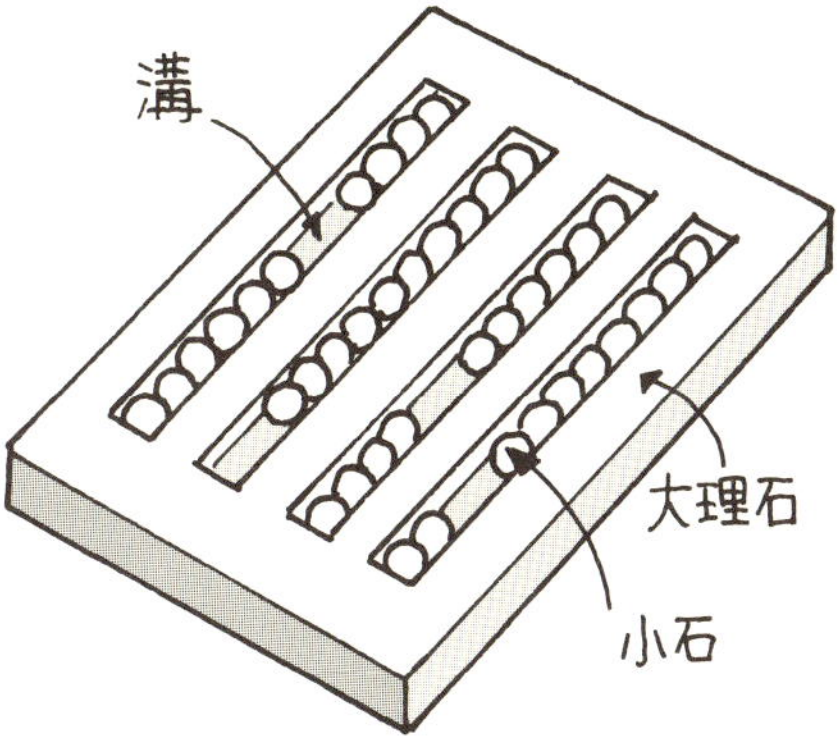

古代ギリシアのアバクス（胡算？）

天二地五の中国算盤

よくみるバザールの光景

三、西安は世界のヘソ

座標の原点の考え

中国では「自国が世界の中心にある」という考えから、

　中国、中華、中州、中土、中夏

といった。

　ちなみに周辺諸国では〝秦〟が外国に強力な影響を及ぼしたことから、

　秦chin、後に**チナ**chinaといい、支那を当てた。

　また、ギリシア、ローマ人たちは、

　〝絹の国〟から**セリカ**

と呼んだのである。

　さて、この中国の中心地は？　〝長安！〟

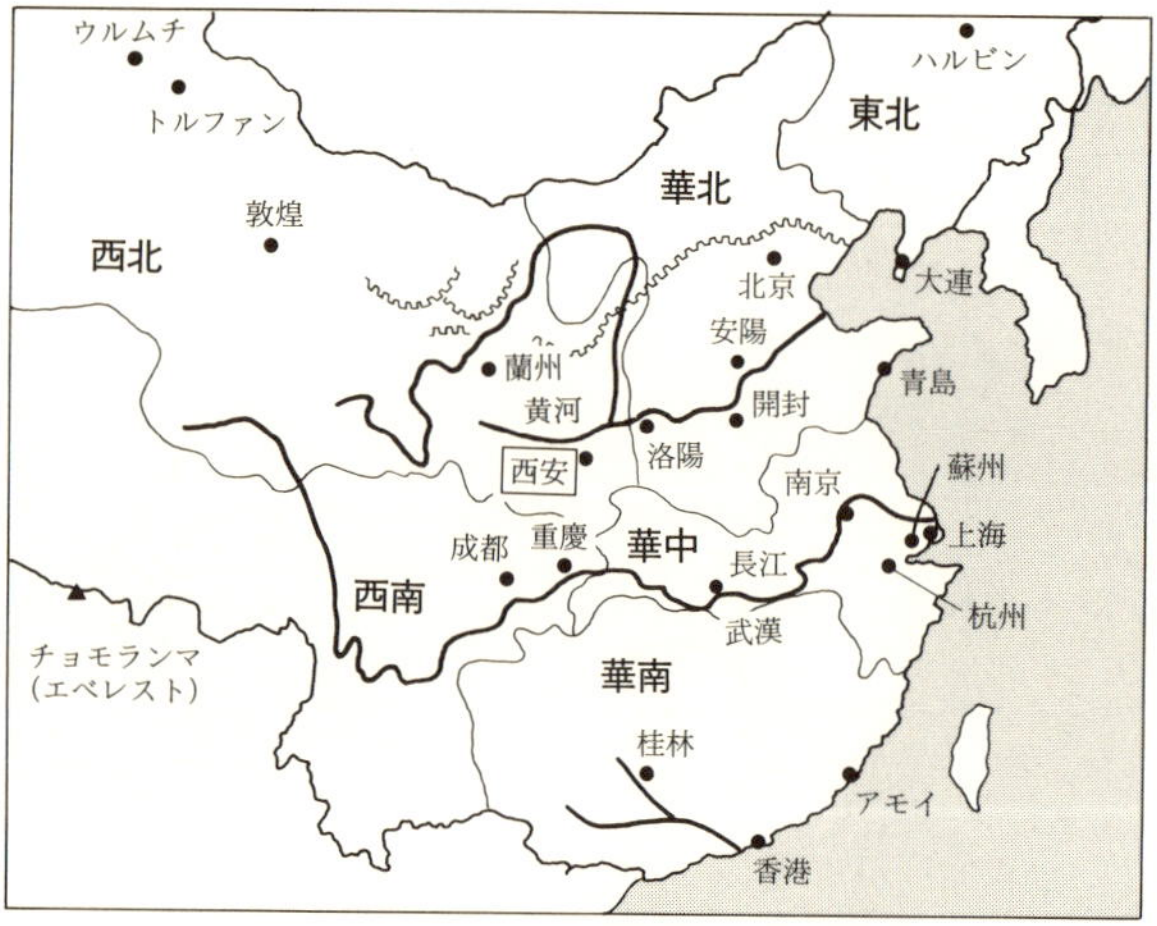

〝長安（西安）は中国のヘソである〟

長安（現、西安）は、前ページの中国地図でわかるように、ほぼ中央に存在し、またシルクロードの起点としてきわめて重要な位置にある。

長安は三千年の歴史をもつ古都の上、漢や唐など十一王朝の首都として、通算千年の大都である。

中国の古都というと、ふつう、

北京、西安、洛陽、開封、南京、杭州

の六都があげられるが、このうち、都をおいた王朝の数と歴史の長さでは西安にまさるところはない。それだけに有名な遺跡も数多く、

兵馬俑坑、始皇帝陵、華清池、大雁塔

などがある。

中国の歴史の一面についての縮図をみる場所といえるが、ここでは各遺跡の紹介は省略したい。

〔**参考**〕十一王朝とは、西周、秦、前漢、西晋、前趙、前秦、後秦、西魏、北周、隋、唐をいう。

東西南北の大街の交差点にあり，時を告げた明代の有名な〝鐘楼〟

西安の城壁

わが国では、六百年に遣隋使を出し、六〇七年小野妹子が隋へ向かう。六三〇年には、初めての遣唐使として犬上御《いぬがみのみ》田鍬《たすき》を派遣している。隋、唐の都である長安を訪れた彼らによって、「碁盤の目の街造り」が伝えられ、日本も都造りのモデルとした。

七五年間、都となった奈良時代の『平城京』（七一〇年～）、約千年間、都になった京都の『平安京』（七九四年～）はいずれも、長安の都を参考にしたもので〝座標の考え〞による。

中国から影響を受けたのは単に街造りだけではなく、政治、習慣、服装、文化、教育など多方面にわたり、大学や全国に設置された国学で学ばれた学問も中国の図書によった。

数学の面では、四道の一つ『算道』（算経）で、

九章算術、五曹算経、海島算経、孫子算経、

六章算経、周髀算経、九司算経、三開重差、

綴術（内容は一五六ページ以降）

などの中国名著が学ばれた。

中国、そして長安は、世界のヘソはともかく、日本からみたヘソであることは間違いない。

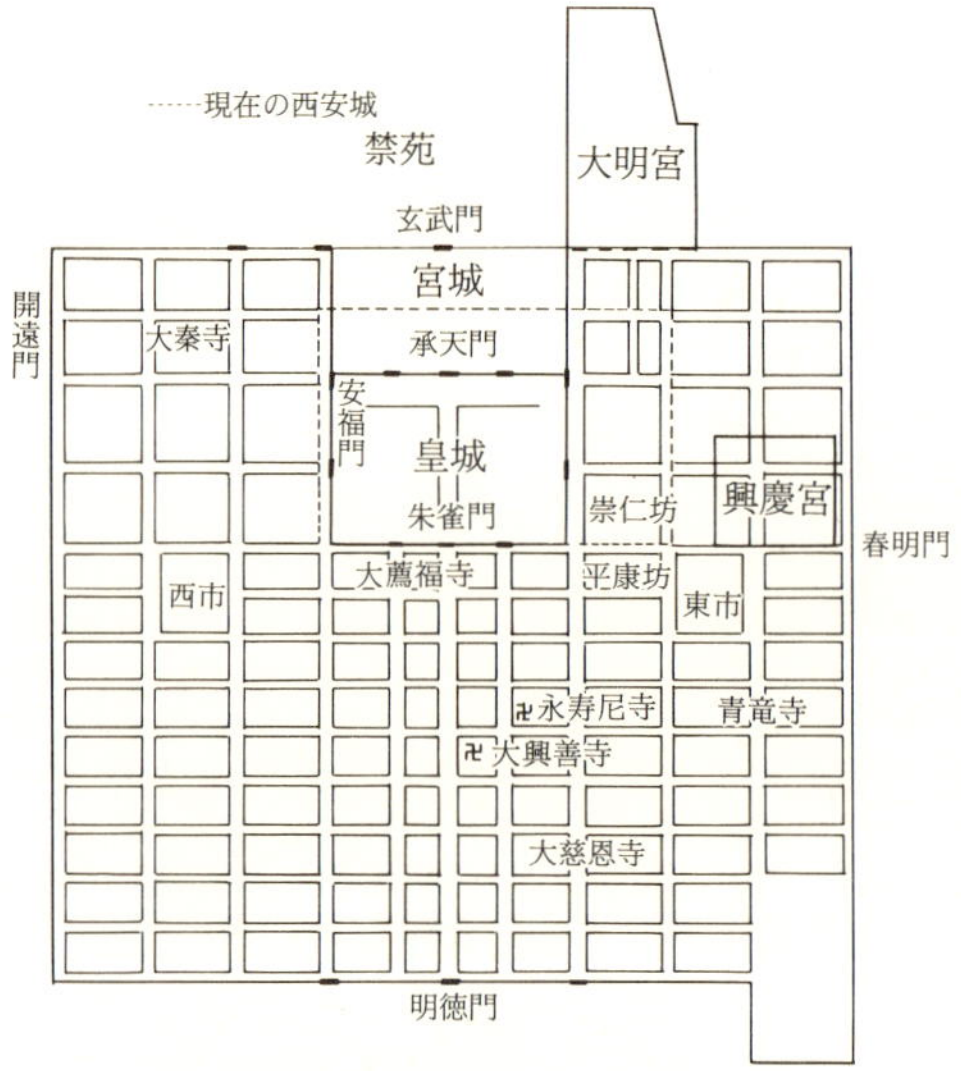

長安時代の街〝基盤の目〞構成

四、玄奘の著『大唐西域記』——文化の移入・伝播

三須照利教授は、玄奘三蔵が遠いインドへ仏教の研究で旅行したことについて、次のいろいろな意味で興味、関心をもっていた。

○インド数学が〝0の発見〟〝位取り記数法〟〝算用数字の原型〟〝文章題〟〝筆算〟など現代に大きな影響を与えた国であり、それが仏教ともかかわっていること

○ほとんど未知の地へ旅立ち研究をするという、旅行家でもあったこと

○三蔵《さんぞう》法師と三須《さんすう》教師と似た親しみ（?）をもったこと

などによる。

さて、シルクロードの開発によって、西域、西方の諸国との交易が盛んとなると共に、仏教の伝来の道になり、中国では次第に仏教徒がふえ、やがてインド（天竺国）でこの原典を学びたいと考える人がでてきた。この巡礼僧の代表に法顕、玄奘、義浄らがいる。

玄奘は一二歳で仏門に入り、二七歳（六二九年）のとき、不許可でインドへと旅立った。このときすでに高僧として名声をはせていたので、シルクロード途中の地トルファンの高昌王国で、国王

に長期滞在するよう要請され、一カ月留まった後それを説得し、国王から経路の三六国の国王へ向けての紹介状をもらい、再びインドへと旅を続けた。（ナーランダで写経する）

一六年後の帰路に、お礼のため高昌王国に寄ったところ、すでにこの王国は滅びていたという。

下がその廃墟で、『高昌故城』として有名な遺跡であるが、一抹の感傷をおぼえる場所である。玄奘は多くの苦難の末インドに到達し、聖地、仏舎利を巡礼し、経典六五七部をもち帰った。そして没するまで、その翻訳に励み、後世に大きな貢献をしたのである。

この経典などを収める場所として建設されたのが、西安の大雁塔である。

玄奘が旅して得た情報を弟子の弁機がまとめた書が、よく知られた東洋最大の旅行記『大唐西域記』であり、玄奘の死後、弟子慧立《えりゅう》が伝記としてまとめたものが『慈恩伝』である。

（大雁塔はこの慈恩寺の境内に六五二年に建てられた）

余談ではあるが、三須照利教授はこの大雁塔の七階まで登

高昌故城の説明板

廃墟の高昌故城

入場切符

る決心をした。

入場料は一人一五元（三百円）。中国人はナント五元という人種差別扱い？ であった。

それはともかく、四方の窓から眺めた西安の街は、千年の昔の長安を彷彿させる絶景であった。

経典が収められている大雁塔
（7階建て，高さ 64 m）

傍目八目

『東方見聞録』は物語地図

一七歳の少年マルコ・ポーロは、商人の父と叔父に連れられてベネチアを出発したのが一二七一年のことで、中国を支配した元のフビライ・ハーンのもとで一七年間も宮廷生活をしながら、特使として活躍したことなど、二五年間の大旅行の体験をまとめたのが『東方見聞録』（正式名は「世界の叙述」）である。この書の中に〃黄金の国ジパング〃が紹介された話は、あまりにも有名である。彼は物語で東洋地図を描いたといえよう。

マルコ・ポーロは北京に滞在しただけでなく、敦煌や杭州、酒泉、張掖も訪れている。

彼のあだなは「ミリオーネ」（百万）というものであった。これについてはいろいろな説がある。

○通商で得た金銀、宝石の財宝をもっていたこと

○元朝のことを語るとき、〃百万〃の数を頻繁に使ったということ

○東方の話に対して〃ホラ吹き〃の物語という意味でからかわれたこと

○ポーロ一族の買った屋敷が、のちに百万長者のものになったこと

さて、あなたはどれが当を得ていると思うか？

五、敦煌と『西遊記ランド』　○○ランドとコンピュータ

三須照利教授がシルクロード探訪旅行を計画中、上のような〝『西遊記ランド』が敦煌に設立される〟という情報が、またその後〝上海に開園〟という記事が出たのであった。

敦煌を「観光特区」に

国務院に地元提案

「西遊記ランド」計画

海外情報

西遊記の世界を大遊園地に再現

上海

孫悟空でおなじみの西遊記をテーマにした敷地面積四万四千平方ﾒｰﾄﾙの大遊園地「上海西遊ランド」が九月二十七日、上海郊外に開園した。

新華社電によると、約一万人が収容できる園内では三蔵法師と弟子の孫悟空、猪（ちょ）八戒、沙悟浄（さごじょう）が西へお経を取りに行く途中出合う奇怪な情景二十四場面を最新の音響、照明技術で再現している。

二十四場面に登場する計三百十六のキャラクターはすべて上海美術映画製作所のアニメ「孫悟空、大いに天宮を騒がす」から採用したという。

（中国通信）

（右　1992年1月24日付　朝日新聞
左　1992年10月2日付　朝日新聞，中国通信より配信）

五十余年前にアメリカのロサンゼルスに『ディズニーランド』が創設されて以来、日本では二十余年前の『東京ディズニーランド』に続いて全国で二十余の○○ランドが次々と乱立気味に造られた。

栃木県の東武ワールドスクウェアなど、世界の名所のミニチュア建築物を集めたテーマパークもある。

これは中国にも『微縮《びしゅく》景観』という名称で、各地に誕生あるいは計画が進んでいるという。

〔**参考**〕香港ディズニーランドが'05年開園した。

○○ランドと数学

1．成功の確率を研究所で計算する。
2．次の経営方程式で試算する。
（初期投資額）÷2＝（客単価）×（年間入場者数）
等式が成り立つと経営が成り立つという。
（巻末参考）
3．レジャー施設全体や各施設のコンピュータ処理と運営。
4．『オペレイションズ・リサーチ』（136ページ）の中の，線形計画法，ゲームの理論，待ち行列の理論などが導入され，健全営業に努める。
5．テーマ・パークをふやすための追加投資に推計学を用いる。

現代では、○○ランドの計画、設立、運営では、数学の協力は不可欠で、上のように全領域にわたって有用となっている。

さて、この有名な『西遊記』について簡単に述べよう。

これは一五七〇年頃、明代の呉承恩が宋代の『大唐三蔵取経詩話』を原型として書いた長編怪奇小説である。

唐代の三蔵法師（玄奘、六〇二〜六六四）が、大乗の仏典を求めて天山南路からインドに行き、那爛陀寺で戒賢らに師事し、多量の仏典をもって唐に帰国する物語で、タクラマカン砂漠を越えて北インドへ旅した史実に、

孫悟空、猪八戒、沙悟浄

を供にして物語化したものである。

ここに地名が登場する所の写真をいくつか紹介しよう。

中国の小・中学生が見学する
千仏洞（トルファン）
——写真の左側にある——

妖怪が出没したという伝説の火焔山（トルファン）
——遠くに『西遊記』のメンバー像（p. 78）がみえる——

「千年間の仏教」がある莫高窟（敦煌）

日中共同映画でいっそう有名になった〝敦煌〟は、古代遊牧民族の大月氏がいたが、後に匈奴に占領され、漢の武帝が匈奴から奪い敦煌郡をおいた地である。（敦煌とは〝盛大〟の意）

漢唐時代のシルクロードの要地で、いくつもの遺跡があるが、『莫高窟』（砂漠で一番高いところの意）は近くの鳴沙山、月牙泉、千仏洞（トルファンにもある）と共に多くの観光客を集めている。

莫高窟には、四九二の石窟に二千二百の塑像と四万五千平方メートルの壁画が四世紀から千年にわたって作られ、「世界最大の画廊」といわれる。

ここには、張騫が西域へ出使する図や通商の商人図なども描かれている。

わが国では『敦煌』の名は、作家井上靖、画家平山郁夫らによってよく知られるようになった。

三須照利教授も広報の一役を荷なう意気込みで探訪を続けた。

莫大な数の石窟群（黒い四角が石窟）

第4章 〝三国志〟の中の戦略・術数

豪傑？　（逆にみると）〝好々爺〟

戦国古城の模型

映画『敦煌』の古城復元セット

一、〝三国志〟物語の魅力

分類・分析の考え

〝去勢された官吏である宦官《かんがん》に孫がいる〟

『三国志』を読んでいる中で、三須照利教授が最初に受けた大きなミステリーであった。

華北の地で、都を長安とした魏の国でその王となった〝曹操〟（一五五〜二二〇）は、漢王朝で大きな権力をもち、政治の主役的黒幕として四皇帝に仕えた宦官〝曹騰《とう》〟の孫であるという。

宦官とは後の「傍目八目」にあるように、去勢された官吏であり、当然子は作れないはずなのに、孫がいるとは、どういうことであろうか。まず子はどうしてできたのか？

三須照利教授は次のいくつかの想定をした。あなたは、これらのうちどれだと思うか？

㈠　子を作ってから宦官になった
㈡　去勢する前に、精子をとり出しそれを保存した
㈢　高官になってから、ひそかに再生手術をした
㈣　養子をもらった
㈤　その他

曹　騰（宦官）
↓
曹　嵩
↓
曹　操（魏王）
↓
曹　沖（早死）

実は㈣であった。㈠では年をとるので出世に遅く、㈡㈢は当時の医術では無理であったであろう。

宦官は二世紀ごろ横暴を極め、宮廷内をばっこしていたため、たびたび「宦官誅滅計画」が立てられ、失敗し、ということがあった。

文武両道

曹操の人物像

反宦官の中の清流派には、次の階級があったという。

八俊、八観、八及、八厨、八友
〝八〟にこだわっているのが、興味深い。

さて、話を曹操にもどすとしよう。

曹騰は曹嵩《すう》を養子としたが、彼は金で太尉の官位を買うなど、父子ともども悪名が高かったのである。曹操は、そうした家系に生まれ育ったが、上のように文武を兼ね備えた優れた人物であった。

しかし、性格や行動には多くの批判がある。曹操は「黄巾《こうきん》の乱」の平定で功をあげ、その勢いで漢の実権を握ろうとしたため、漢の一族である劉備《りゅうび》は、呉の孫権と連合し「赤壁の戦い」で、曹操を討ち、ここに三国鼎立《ていりつ》の時代になった。

象の重さを石で測る

曹操の子〝曹沖〟は、聡明な上、人情深く、将来が嘱望されていた。

あるとき、象の重さを知るのに、象を舟にのせて吃水線《きっすいせん》をつけ、そのあと石をその線まで入れ、石の重さから象の重さを求めた。（関数の考えの利用）

ただ一三歳の若さで死んだ。

（巻末参考）

三国時代の特徴として、平和時では考えられない異常な行動が数々みられた。

○両国が親交したと思うと、敵対する
○裏切り、寝返りが日常的
○刺客、誅殺、暗殺が多い
○降伏を装い敵陣を偵察する
○逮捕後、逃がす、あるいは味方につける
○軍規のため親愛の部下を斬る
○兄弟の主導権争い
○美人、才媛の奪い合い

こうした混乱した社会から、後世に残る数々の教訓、名言、名文句、諺が誕生してきている。

これらの代表的なものを、三国時代の関係人物と組み合わせで表にまとめたものが次の表である。この表から三国時代のいろいろな物語をダブらせて、当時を想像してみよう。

三国時代の覇王と参謀，有名な語

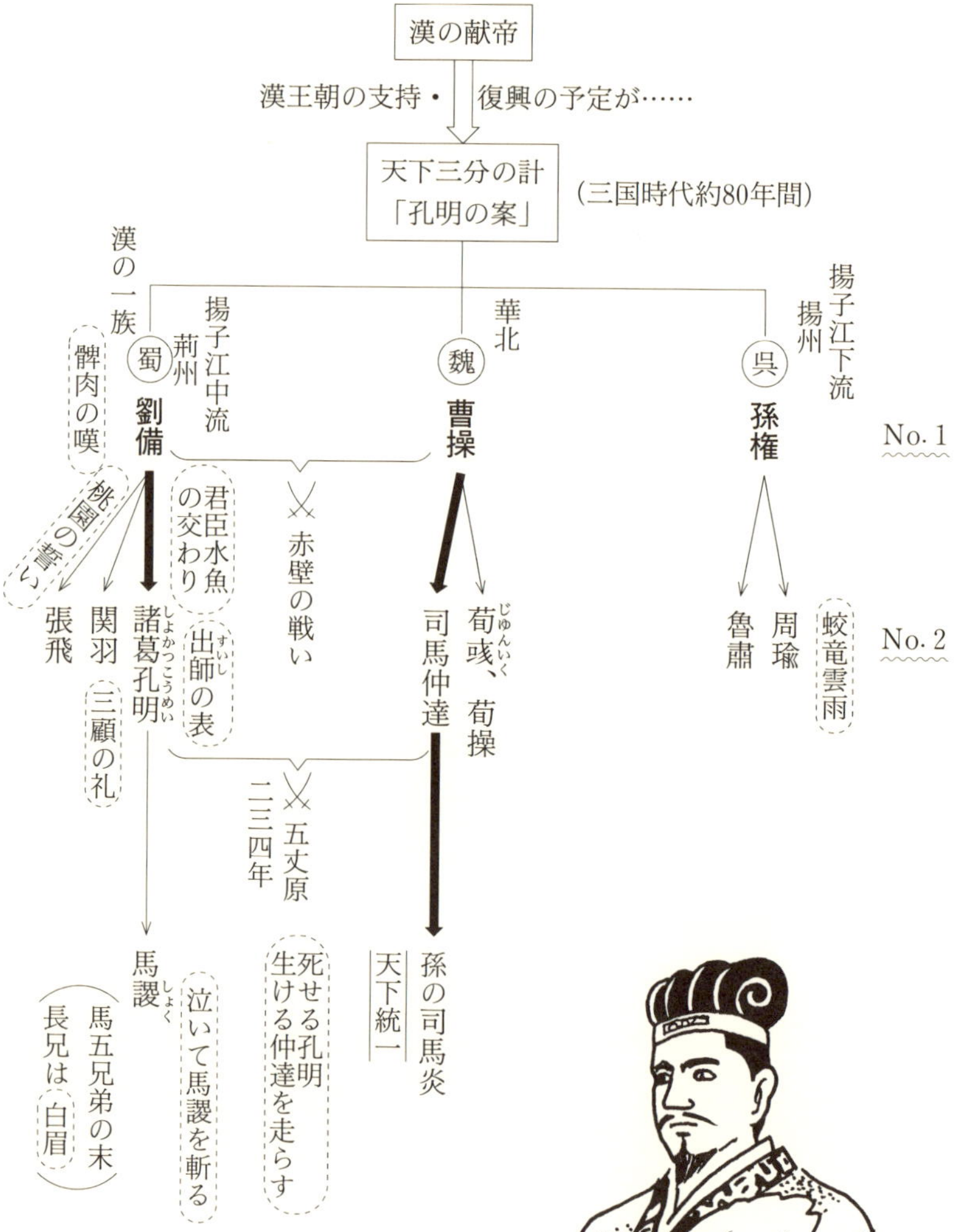

千年に一人の天才軍師・諸葛孔明

わが国では、〝三国志〟に対する興味、関心が異常なほど高い。

書店に行くと、三国志関連の図書が書架に並び、雑誌、週刊誌では折々特集が組まれ、また、まんが本のほか、TVでは『まんが三国志』のアニメが放映されるなど、老若男女、幼少児まで広く興味をもたれている。（'93中国でも湖北電視台がテレビ放映した）

加えて最近では、三国時代の名将、参謀の方式や発想が、政治家の政策、企業者の計画などの参考になるとして、実用面からの特集が組まれるなど、社会的な方面から重視されている。

〝社会数学者〟を自負する三須照利教授は、歴史としてではなく、「数学の目」で主として戦略、作戦にかかわる論理や構造などについて分析し、魅力の秘密を探っていこうと考えた。

これは二〇世紀の第二次世界大戦中に誕生し、貢献度が高かった新数学『オペレイションズ・リサーチ』（OR作戦計画、一三六ページ参考）ともかかわるものである。

かつて日中共同で映画『敦煌』を製作し大きな話題を呼んだし、一〇六ページに示したよう

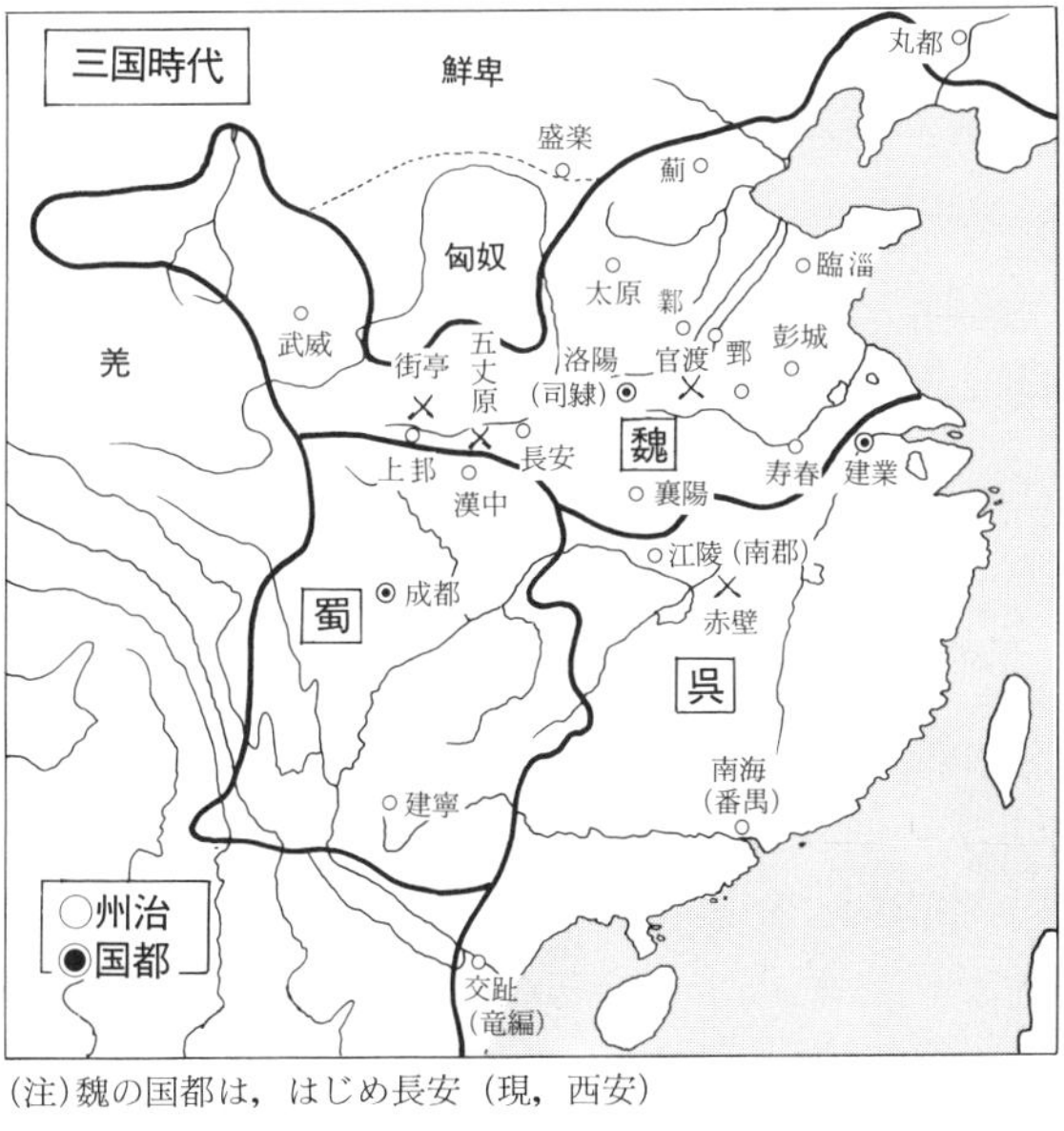

(注)魏の国都は，はじめ長安（現，西安）

にセットがそのまま観光用に保存されている。また、中国湖北電視台製作のテレビドラマ『三国志、諸葛孔明』（一九八五年作品）が、全七巻ビデオとして売り出されたりして、この歴史の人気は衰えていない。（左の各巻名は、後世の有名語である）

◆第１巻『三顧の礼の巻』
◆第２巻『苦肉の策の巻』
◆第３巻『赤壁大合戦の巻』
◆第４巻『水魚の交わりの巻』
◆第５巻『天下三分の巻』
◆第６巻『泣いて馬謖を斬るの巻』
◆第７巻『五丈原の戦いの巻』

傍目八目

宦官と政治

〝宦官〟とは、罪を犯した男子を「去勢の刑」にして中性化したもので、身分、職階は低いが、宮廷の奥まで入ることができたことから、王侯の寵愛を受けて政治にもかかわるようになり、ときに大きな権力を握り、王朝を傾けたり、滅亡させたりすることもあった。

去勢は、古代エジプト、トルコ、ペルシアにみられ、イスラム諸国では風俗として一般化したという。

中性化されたので、男女関係の問題や不倫・性犯罪の心配がないため宮廷に入ったり貴族に奉仕したりすることができた。インドのムガール帝国でも、宮廷に採用したが、中国では王朝に奥深くかかわることができ、大きな権力をもった。

すでに春秋時代に始まり、周代にはこの制度が確立したが、立身出世の早道として次第に刑罰によってではなく、志願して宦官になるものがふえた。

王侯の側近となり、陰険で謀略的で政治を動かし、長く、前・後漢、さらに唐や明時代までも宦官が存在したという。

「数学の世界」の〝0〟の存在に似て興味深い。さて、どこが似ているのか？

二、覇王と軍師

No.1とNo.2の論理と詭弁

学校の教師が四〇人のクラスの子を、会社の課長が三〇人の部下を、工事現場の監督が二〇人の作業員を、それぞれ上手にまとめ、運営していくのはたいへんな仕事である。

しかし、戦乱時の覇王、英雄、名将ともなると、何万、何十万人を上手に統一し、従属させ、手足の如く動かさなくてはならないので、並大抵の能力ではなることができない。

これらの人物を大別すると、上のように、いくつかのタイプがあるが、ここでは王、将軍に注目してみよう。

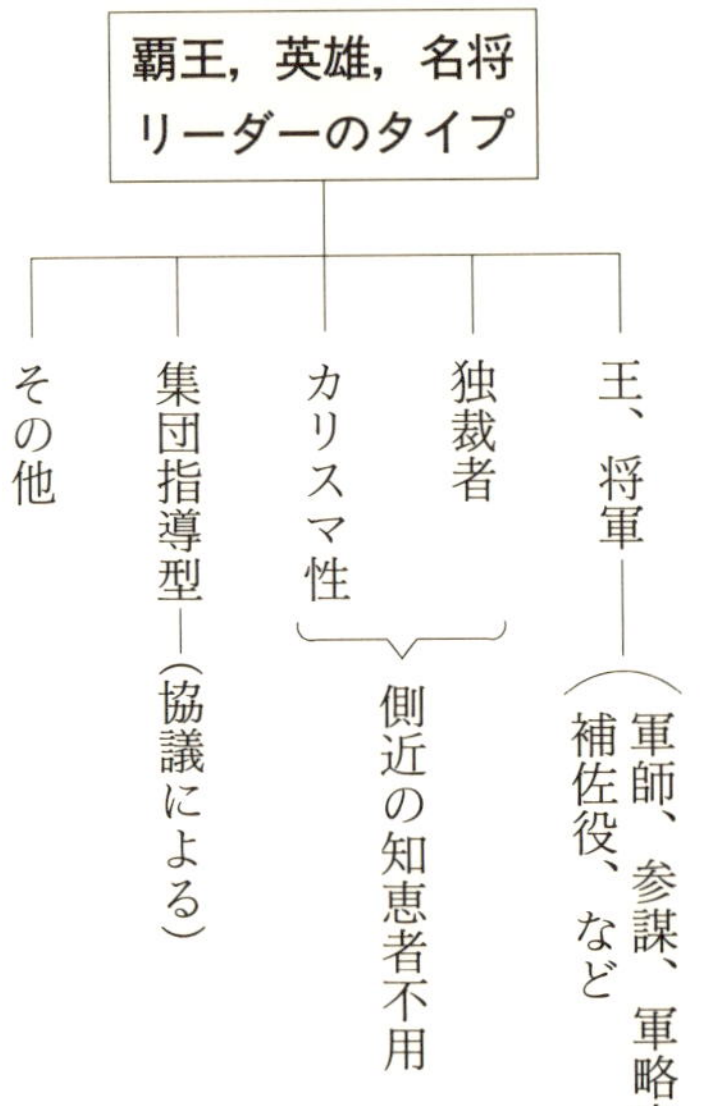

軍師参謀の条件

- 専門知識（兵法学）
  - 古典式
  - 近代式
  - 現代式
- データ収集（参謀作戦）
  - 内部の資料
  - 外部の資料
  - 作戦準備
- 実戦経歴
  - 攻撃方法
  - 裏切りの活用
  - 防御の仕掛け
- 心理作戦
  - あざむく・おとり
  - デマを流す
  - 内部の統制
  - ときに大きな賭
- 人格・人望
  - 感情で動かない
  - 適度の進言
  - №1とぶつからない
  - 無欲、信頼、非情
- その他
  - 外交、天候など

軍隊の勢力の推計

『三国志』では、

〃魏の水陸軍は荊州を占領し、八〇万。一方呉軍は一〇万の兵力で戦々兢々とした。〃

とあるが、実はそれぞれ実数は二〇万、五万であったという。

白髪三千丈の国である。しかし、統計学の進んだ今日でも、たとえばメーデーの代々木公園大会参集者数が、

〃主催側四五万人、警察側一五万人〃

と大きな発表差がある。

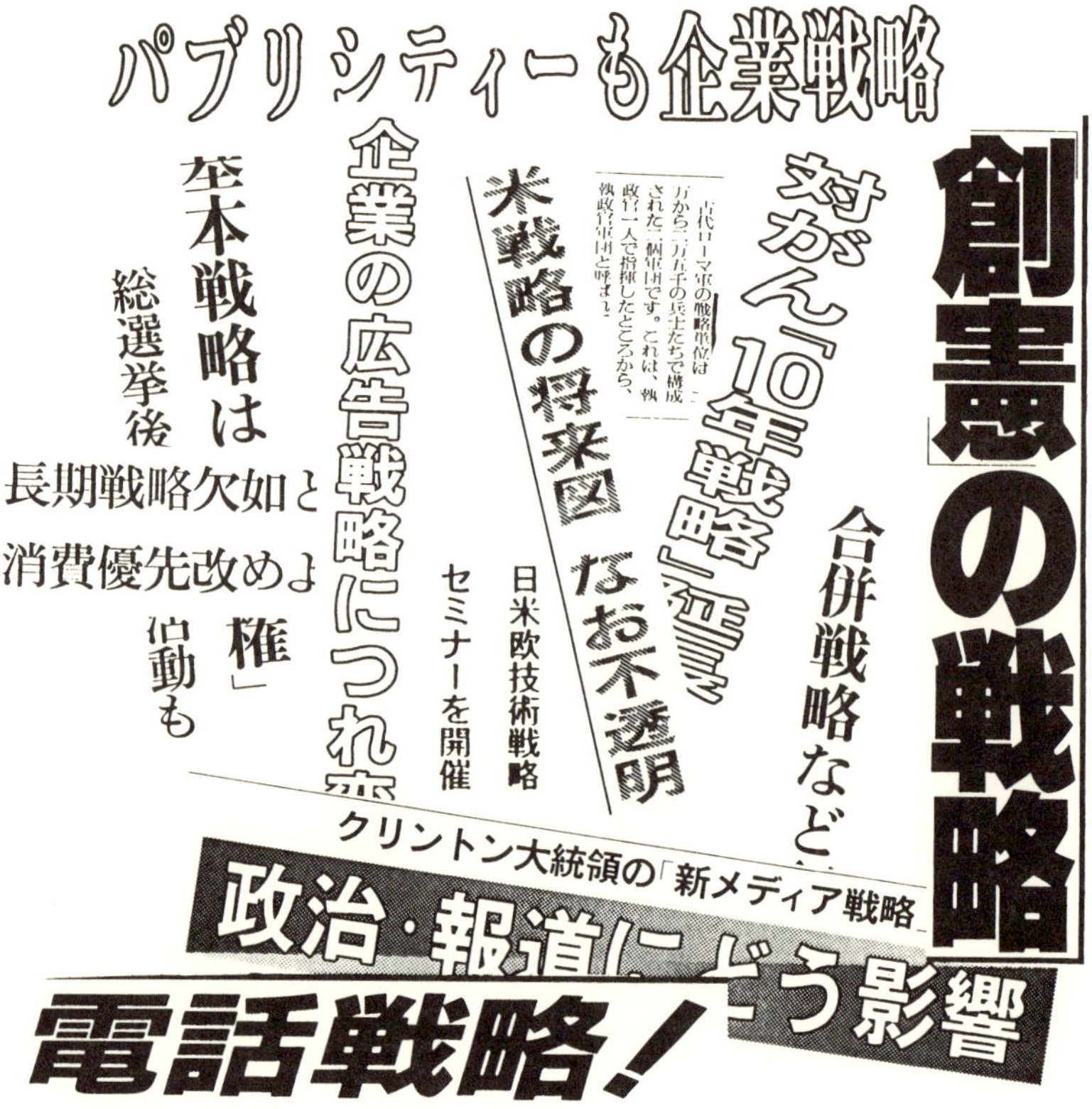
パブリシティーも企業戦略
「創憲」の戦略
対がん「10年戦略」
合併戦略など
米戦略の将来図　なお不透明
日米欧技術戦略
セミナーを開催
企業の広告戦略につれ
基本戦略は
総選挙後
長期戦略欠如と
消費優先改めよ
活動も
クリントン大統領の「新メディア戦略」
政治・報道にどう影響
電話戦略！

政治、戦闘には、いろいろな戦法、計略が工夫され、実行されている。

これは現代の社会でも不可欠で、新聞記事からそれを見出すことができる。

〃戦略〃

これは何も武器を用いた殺し合いだけのものではなく、平和時でも考えられている。とりわけ、外交、企業、受験などの競争社会の場で多く見られるのである。

中国古典書から、これに関係する有名な諺を拾い出してみることにしよう。

戦法、計略

大意 ——よく知られているものは、略——

	出典	大意
一、方法		
㈠ 彼を知り己を知れば、百戦殆《あやう》からず	（孫子）	戦略上の最上策（㈠・㈡）
㈡ 百戦、百勝は善の善なるものに非ず	（孫子）	
㈢ 三十六計逃ぐるに如かず	（斉書）	
㈣ 戦は奇なるを欲し、謀は密なるを欲す	（戦国策）	戦力の差の対応（㈣〜㈥）
㈤ 群羊を駆って猛虎を攻む	（戦国策）	
㈥ 味方の軍が敵の十倍なら包囲し、五倍なら攻め、対等ならば戦う	（孫子）	
二、チャンス		
㈠ 蛟竜雲雨を得	（三国志）	（ふだん目立たない英雄が、一たん機会があると力量を発揮する）
㈡ 逸《いつ》を以って労を待つ	（孫子）	敵の攻撃の疲れを待って攻める
㈢ 風声鶴唳	（晋書）	敗戦の兵は風の音、鶴の声で驚く
㈣ 敵は仮す可からず、時は失う可からず	（史記）	敵に情けは無用、時を失するな
三、動作（行動）		
㈠ 風林火山	（孫子）	（風のように疾く、林のように静かで火のように侵掠、山のように動かない）
㈡ 始めは処女の如く、後は脱兎の如し	（孫子）	
㈢ 兵は神速を貴ぶ	（三国志）	

政治、政策

一、姿勢

(一) 敗軍の将は兵を語らず (史記) 敗者は兵法を語る資格がない

(二) 泣いて馬謖を斬る (三国志) 規範のために私情を捨てて処断する

(三) 君臣水魚の交わり (三国志) 君臣が水と魚のような一体である

二、対人

(一) 泰山は土壌を譲らず (戦国策) どんな土もとり入れて大きな山になる

(二) 呉越同舟 (孫子) 敵同士が共通の難に協力する

(三) 傾危の士 (史記) 詭弁で国を滅ぼそうとした人

デマ

(一) 三人市虎を成す (戦国策)

どれも日本人によく知られた言葉であり、政治家や実業家、評論家などが好んで用いるものであるが、いずれも中国の遠い昔の格言・諺なのであった。

無駄を捨てた短文の中の深い意味に、数学の式や定理に通じるものを感じる。

陣法と陣形

陣形は、味方の人数や兵器、また敵の人数や守備などに応じて決定するが、この形を大別すると、

　直線型と円型

が基本になっているのがわかる。

下の八陣それぞれがどのような特徴があるか考えてみよ。

〔注〕偃《えん》とは「臥《ふ》せる」の意味で偃月とは弓張月の形。

衡軛《こうかく》とは、馬車などの前に長く並行に出た二本の棒の横木のこと。

どれもこれもステキな名称のものであるが、あなたが軍の指揮官なら、どの陣形にするか？

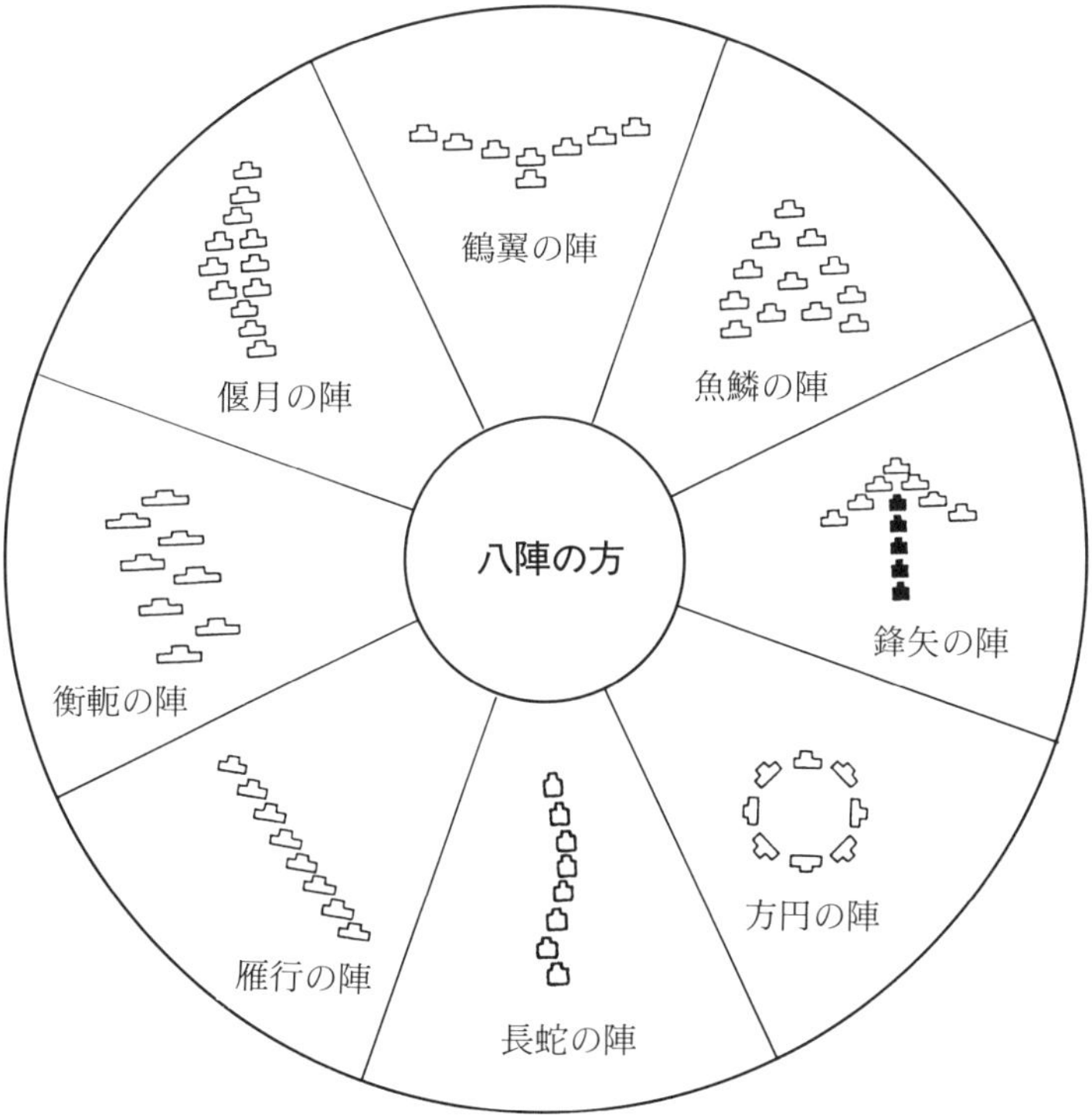

三、神算鬼謀、権謀術数

数学界のこじつけ

参謀の〝権謀術数〟として代表の一つといわれるものに「方広寺の大仏殿、鐘銘事件」というものがある。

南禅寺の禅僧・崇仏の陰謀、悪知恵によるもので、豊臣秀頼が大仏殿へ鐘を奉納するとき、同じ南禅寺の僧・清韓が起草した左に示す鐘銘の文から、家康がこれに〝こじつけ解釈〟をし、

「自分の名を分断し、豊臣家の繁栄を祝う文だ。」

といいがかりをつけ豊臣家をつぶす理由にした、といわれるものである。

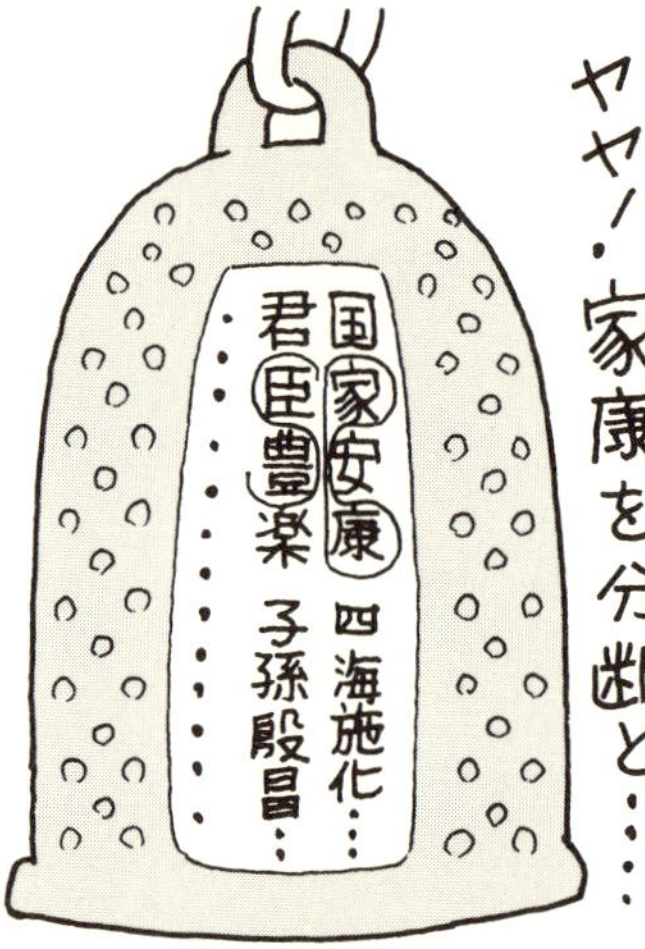
国家安康 四海施化……
君臣豊楽 子孫殷昌……
ヤヤ！家康を分断と……

神算鬼謀
権謀術数
オヤ！算数が……

いいがかりのための〝こじつけ〟であるが、ここで、その方式を採用させてもらうと、戦略語の「神算鬼謀」「権謀術数」からは『算数』の語ができて、三須照利教授は思わずニヤリとしたりし、戦略、陰謀が数学と深くかかわっていることに気付くのである。

そのつもりで戦国時代の使用語を調べてみると、

○昔の計算の道具「籌《ちゅう》」――竹の細い棒で現代の占の筮《ぜい》竹と同じもの――

○ある事柄の可能性の割合をいう「公算」――現代の確率のこと――

などのほか、算段(手順)、算用、誤算といったものがある。

〝戦略〟には、人数・武器数を初め、地形や距離など、数量、図形というキッチリしたものが基本にありながら、実践では隠、謀、術などアイマイなものがその裏側にあるという「表と裏」「剛と柔」あるいは「明と暗」が交錯していると思われる。

「白を黒」といいくるめるような強引な〝こじつけ〟も一つの戦略となるが、これは融通のきかないといわれる数学の世界でも、筋を通すためのこじつけはしばしばある。

敵は籌を乱して逃げたぞ ここで攻めれば勝つ公算大なり!
籌が乱れる

数学では，「定める」「約束する」として押しつけるるため ——

○二次方程式の解とグラフの意味

(1) 実数解２つ　　(2) 実数解１つ　　(3) 虚数解２つ

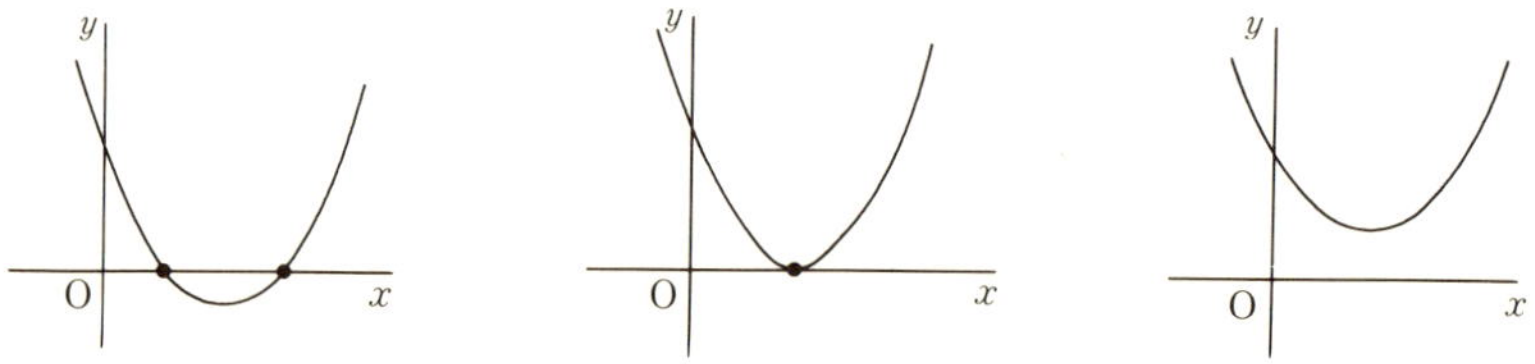

（２点が一致したとみる）　（「x軸と交わった」と考える）

○反比例の表

反比例　$y=\dfrac{6}{x}$　で0を除外

x	-3	-2	-1	0	1	2	3
y	-2	-3	-6	—	6	3	2

〔高等学校編〕

○虚数とガウス平面

$x^2=-1$　に対し，$x=\pm i$　をつくる。

○1！＝1　に対し，0！＝1　と定める。

ガウス平面

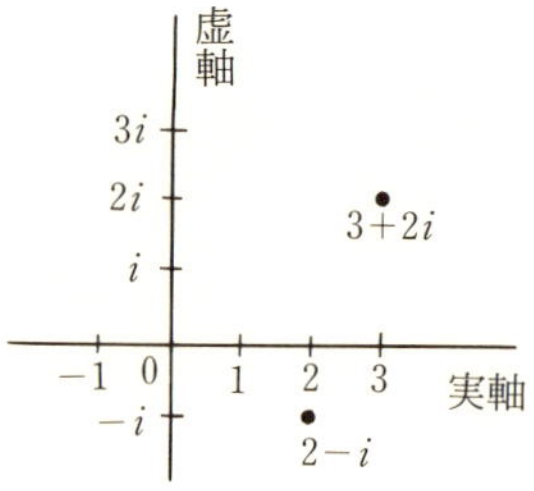

〔大学編〕

○答のない計算式を考える。

(例)　1−1+1−1+1−1+……

○平行線は無限遠点で交わる，と考える。

○実円に対し，点円，虚円というものを考える。

○四次元，多次元空間を考える。

数学界の中の強引な〝こじつけ〟

―― 例外をなくし，矛盾をもたなくす

〔小学校編〕

○ $8-8=0$

〝無い〟のに引き算の例外をなくすため，あるかのようにする。

○ $3\times 0=0$

何もしないので〝3〟が答のようだが，乗法に矛盾を作らないために決めた。

（説明） $3\times(a-a)=3a-3a=0$

○ $\frac{3}{4}\div\frac{5}{7}=\frac{3}{4}\times\frac{7}{5}$

割る数をひっくり返すのは，理論上から。

（説明） $\frac{3}{4}\div\frac{5}{7}=\frac{21}{28}\div\frac{20}{28}$ 　これは21÷20と同じ。

よって，$\frac{21}{20}=\frac{3\times 7}{4\times 5}=\frac{3}{4}\times\frac{7}{5}$

〔中学校編〕

○ $(-5)\times(-2)=(+10)$

矛盾を起こさないために決めた。

（説明）
$(-5)\times(+2)=-10$
$(-5)\times(+1)=(-5)$
$(-5)\times 0=0$
$(-5)\times(-1)=(+5)$
$(-5)\times(-2)=$

かける数を1減らすと答は5ふえる

同様に

○特殊な連立方程式の解

(1) $\begin{cases} x-y=2 \\ x-y=5 \end{cases}$

グラフが平行

(2) $\begin{cases} x-y=2 \\ 3x-3y=6 \end{cases}$

グラフは一致

(1)は不能，(2)は不定という解を与え，「解がない」という例外を除く。

社会における強引な〝こじつけ〟

'93. 2. 1

——裁判からみるもの——

〔法律のスキを突く問題〕

○国際郵便でコメを輸入——「食管法」のスキを突き合法的に1トン

○簡易式立体駐車場——違法建築の疑いでも「工作物」の判決が壁

○マルチ商法（連鎖販売取引）——「扱い品」が法のスキを突く

（ダイヤ，カタログ，浄水器など）

○無断模写——「模写」の線引きが困難

○セクハラ訴訟——
○ヘ ア 論 争——
｝その他，判断が時代，社会，個人によって異なる難問

〔定義にかかわる解釈〕

○町のお地蔵様は，宗教関係物か——〝宗教〟の定義（地蔵は宗教でない）

○握りずし，牛丼などによる外米の輸入——〝輸入米〟の定義（輸入公認）

○タクシー労組のストで会社の車をおさえた——〝スト〟の定義（労組敗訴）

○高校推薦は2学期末の成績等｛公立中「学力以外」／私立高「業者テスト含む」｝——〝等〟の定義

〔部分抜き誇張や語意拡大〕

○「私は偏向的な新聞は嫌いです」（佐藤首相）→「首相は新聞嫌い」（マスコミ）

○（「憲法は自衛権を禁止していない。したがって集団自衛権も個的自衛権と同じように，憲法上認められている」）（海外派兵の弁護評論家）→（「憲法で禁じていないという理由なら，徴兵制もすぐできる」）（批判意見）

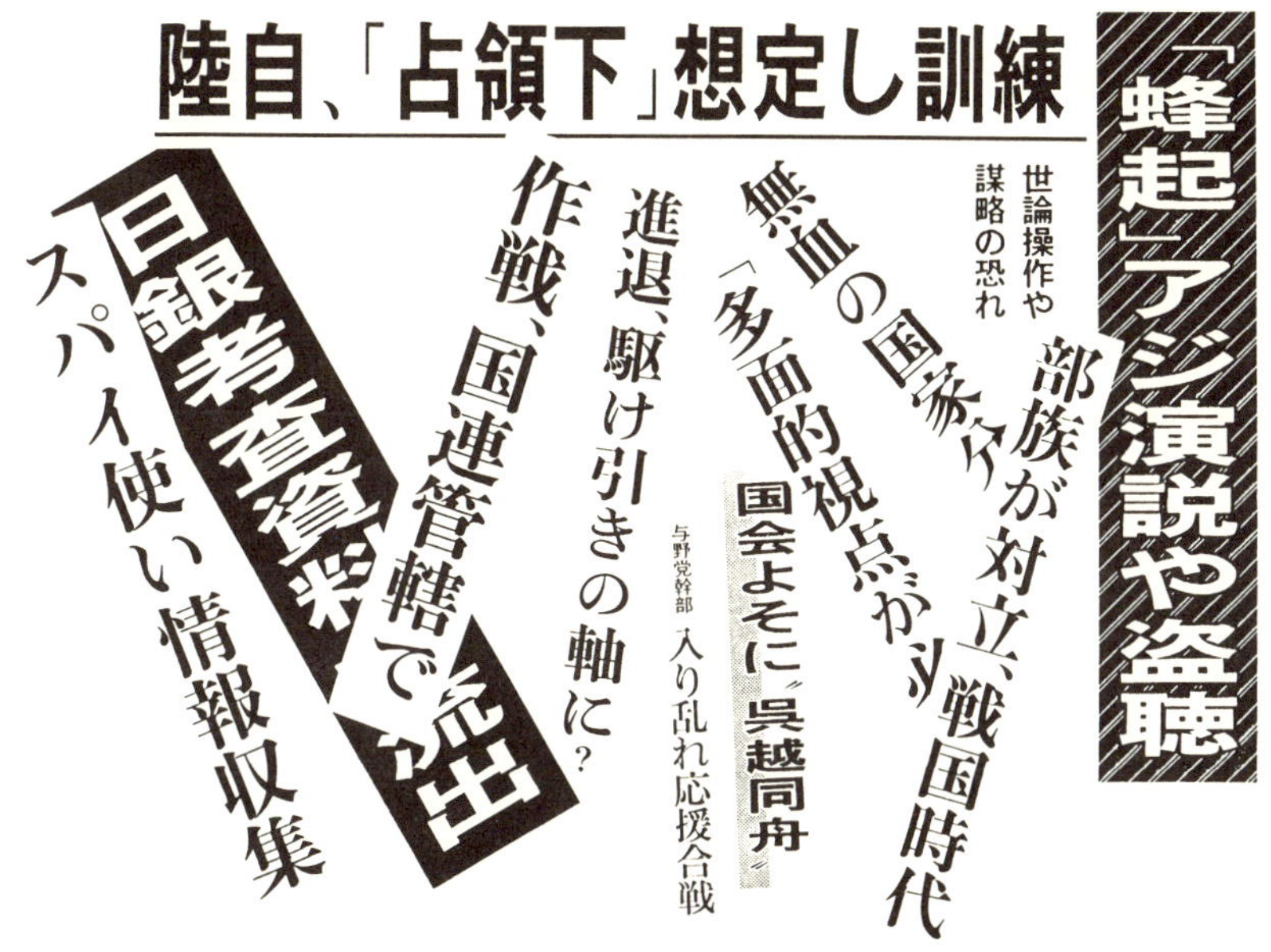
陸自、「占領下」想定し訓練
「蜂起」アジ演説や盗聴
世論操作や謀略の恐れ
部族が対立、戦国時代
国会よそに〝呉越同舟〟
与野党幹部 入り乱れ応援合戦
進退、駆け引きの軸に？
作戦、国連管轄で
日銀考査資料流出
スパイ使い情報収集

平和な日本でも，こんな言葉が乱れ飛ぶ！

五〇年近く平和の続いているわが国でも、社会全体では戦略、陰謀などの計画や実施、対応がおこなわれている。

一九九三年一月、ある新聞の記事に、陸上自衛隊の『調査学校』での「心理戦防護課程」の内容が、大きく紹介された。調査学校の目的は、〝情報関係部隊の運用等に関する調査研究をおこなう〟と規定している。

かつての陸軍中野学校、江戸時代の隠密《おんみつ》、間諜《かんちょう》、忍者のたぐいといってよいであろう。

政治や企業の世界でも調査部門は重視されている。

さて、紹介された「心理戦防護課程」の内容はどのようなものであろうか。

これは、国土が外国に占領された場合を想定、敵の後方に潜入して対抗勢力を組織し、

○宣伝文やアジ演説による民衆の蜂起の促し方

○破壊工作や盗聴などの非正規戦訓練

○民衆に紛れて、ひそかに扇動や破壊を行う方法

などを座学と実習で学ぶものであるという。

調査学校は、一九五九年に外国語の習得と情報教育を目的に設立され、右のものは、情報教育課程の一つとされている。

情報伝達といえば、その昔、中国で反乱決起のため仲間に連絡をとるのに、〝月餅〟の中に秘密文を入れて知らせた、という有名な話がある。一方同志と思っていた仲間に敵のスパイや裏切り者がいて、事が成就しなかった、という物語もある。

ロビンフッドを裏切った尼僧シスター・マーサーが、行動情報を鷹で王の代官宛に知らせた映画の一場面が思い出される。

江戸時代をもとにした時代劇の隠密が、富山の薬行商姿で情報集めする姿もほほえましい。

四、占星術と『組合せ理論』

〝占い〟と数学の関係

〝天文学者というグウタラ父親は、占星術という悪い娘に養われている〟

この言葉は、宗教全盛で科学研究が禁じられた中世ヨーロッパ（三〜一三世紀）、俗にいう「中世暗黒時代」のものである。

三須照利教授は、この言葉が好きであった。

天文学を研究したいが、やれば「地球が回る」――地動説――に到達し、これを口にすれば宗教裁判にかけられて首が飛ぶ。そのためひそかに研究することになるが、それでは収入が0《ゼロ》で食っていけない。止むなく内職として『占星術』を表向きの職業とし、生活費を稼ぐ、というわけである。うらぶれた天文学者の姿が目に浮かんでくる。

「昔から学者は貧乏だったのだナー」と、彼は自分の生活を顧みたりした。

彼は〝占い〟にはあまり興味がない。しかし、占いのもつ統計や組合せ的構造の妙には、大きな興味があった。

しかも、昔から今日まで政治や軍事、あるいは企業運営などの戦略決定で、これを参考にする、という人が多いと聞き、いっそう関心をもったのである。

占いの歴史は古く、またその種類や方法も数多くあるが、三須照利教授が注目しているのは、数学と深くかかわりのある「天文学や統計学」を土台にしている占星術である。

星占いで求める運勢

通称〝星占い〟については、かつて次のような調査報告があった。（'93・2・3、朝日新聞）

国学院大学日本文化研究所のプロジェクト「宗教と教育に関する調査」が全国三二大学四千五人の大学生の回答で、〝星占い〟を十数%が信じ、四割強が肯定的であったという。

そして、女性が五二%、男性が三二%という肯定度に差が出たということである。

つまり、女性の方が占いを信じる、ということになる。

彼らは、雑誌の占いコーナー、友人の話、TVなどから、その情報を得ているという。

若者が占いに高い関心を示すのは、漠然とした不安感を反映しているからである、という解釈であった。

さて、ここで古代から人々に関心をもたれ、影響を与えた占星術について少し考えてみよう。

古代四大文化民族を初め、文化をもつ民族は農耕生活であり、天候とは深くかかわりがある。

（農事）→（祭事）→（政治）→（治国）→（対外政策）→（戦争）→……

これらの一つ一つと天候が大なり小なりかかわりをもち、これが占星術を誕生させ、重視することになる。

日食
流れ星
悪い
ことが
あるぞ
満月に
瑞雲だ。
よい知ら
せが
ある
太陽が
きえた！
不吉だ

行事や行動の決定、選択。運命の吉凶が、日月の威力、日食、月食、流れ星などの出現や異常現象の驚異による天体の神格化、神秘性が、その出発点になっている。
占星術の型としては、次の三つがある。
㈠　天文の特異現象から、政治、軍事上の予言
㈡　誕生日などから、人の運命を占う
㈢　星などの周期から、日や方向の吉凶を占う
一七世紀までは、占星術のために天体の位置推定や日月食の予報など、天体現象の記録を多く残し、近代天文学へ貢献するところ大であったが、それ以後は自然科学の発達によって占星術は社会的な遊び、人によっては心の安定やささえとなった。

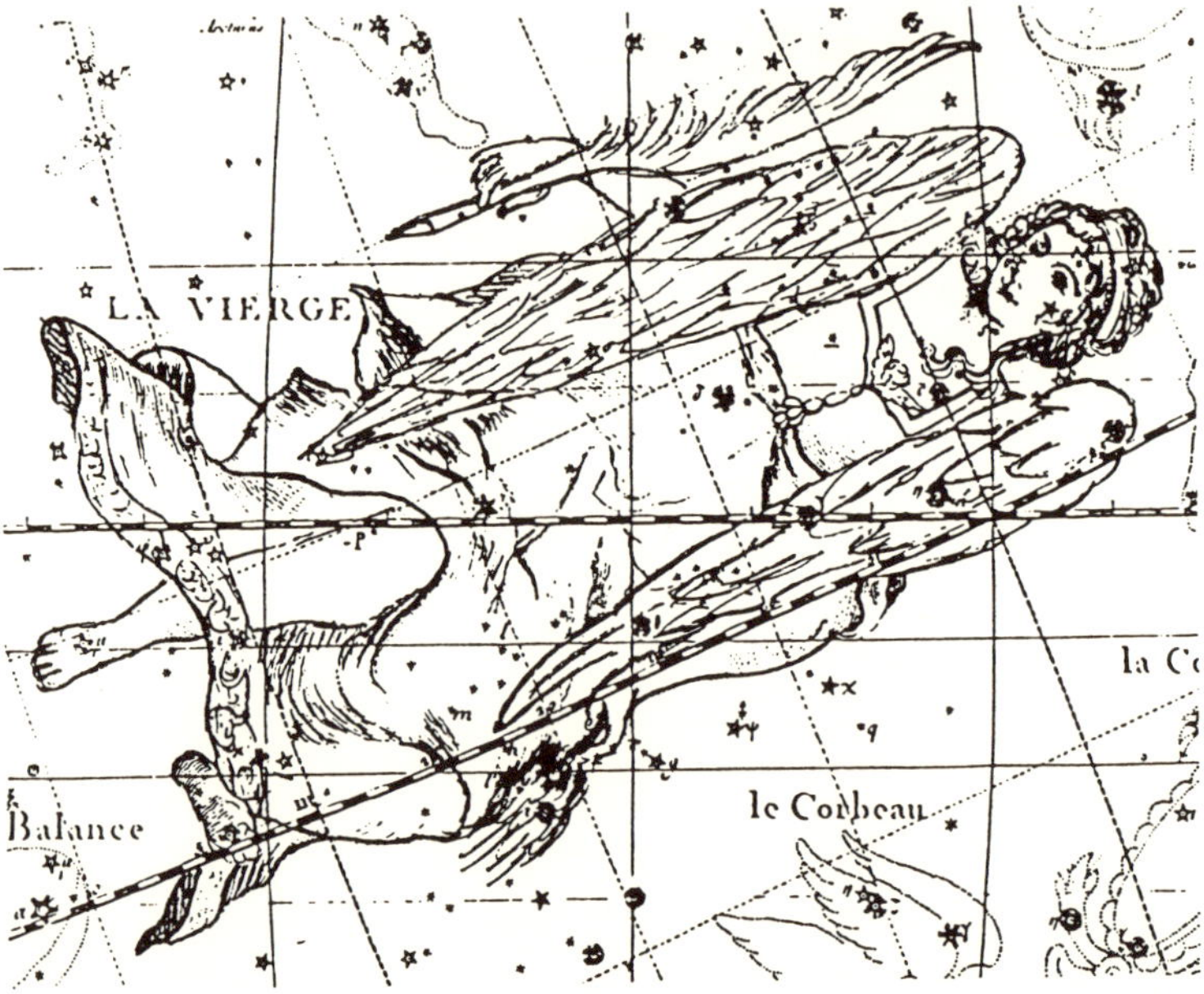

乙 女 座（フラムスチード図）

占星術の基本は、当然天文学——星座——にあるが、これに十干十二支や方位、数字や色、ときには血液型まで加わり、これらの『組合せ』（数学用語）によって構成されているのが特徴である。

最近では音楽ともからみ合わせた研究もある。

現代、人々に興味をもたれている〝星占い〟は、個人の金運、健康運、仕事運、恋愛運、そして総合運（一二八ページ）が主である。

本書では個々の内容ではなく、数学の目による『組合せ』から、その構成に視点を合わせてみよう。

（参考）左表のほかに十三番目「蛇遣座」があることがわかった。（'96・6）

		西洋占星術 黄道帯(Zodiac)		ラマ密教占星術 (基本12宮)
3/21～ 4/19	♈	牡羊座	ARIES	羊　宮
4/20～ 5/20	♉	牡牛座	TAURUS	牛　宮
5/21～ 6/21	♊	双子座	GEMINI	婬　宮
6/22～ 7/22	♋	蟹《かに》　座	CANCER	蟹　宮
7/23～ 8/22	♌	獅子座	LEO	獅子宮
8/23～ 9/22	♍	乙女座	VIRGO	女　宮
9/23～10/23	♎	天秤座	LIBRA	秤　宮
10/24～11/22	♏	蠍《さそり》　座	SCORPIO	羯　宮
11/23～12/21	♐	射《い》手《て》座	SAGITTARIUS	弓　宮
12/22～ 1/19	♑	山羊座	CAPRICORN	磨羯宮
1/20～ 2/18	♒	水瓶《みずがめ》座	AQUARIUS	瓶　宮
2/19～ 3/20	♓	魚　座	PISCEC	魚　宮
				二十七宿占星盤

(注)　占星術は古代メソポタミア地方で誕生し，西はヨーロッパに伝播して西洋占星術となり，東はインド，中国に伝播し，チベットではラマ密教占星術となった。大もとが同じなので似ているが，前者は太陽，後者は月を重視しているのが特徴という。

太陽系の惑星

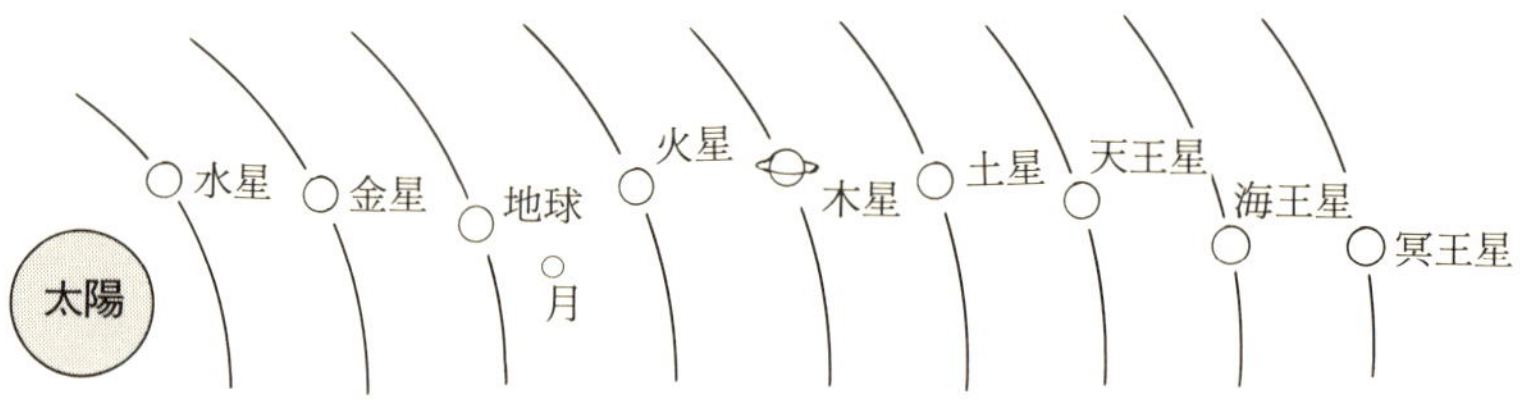

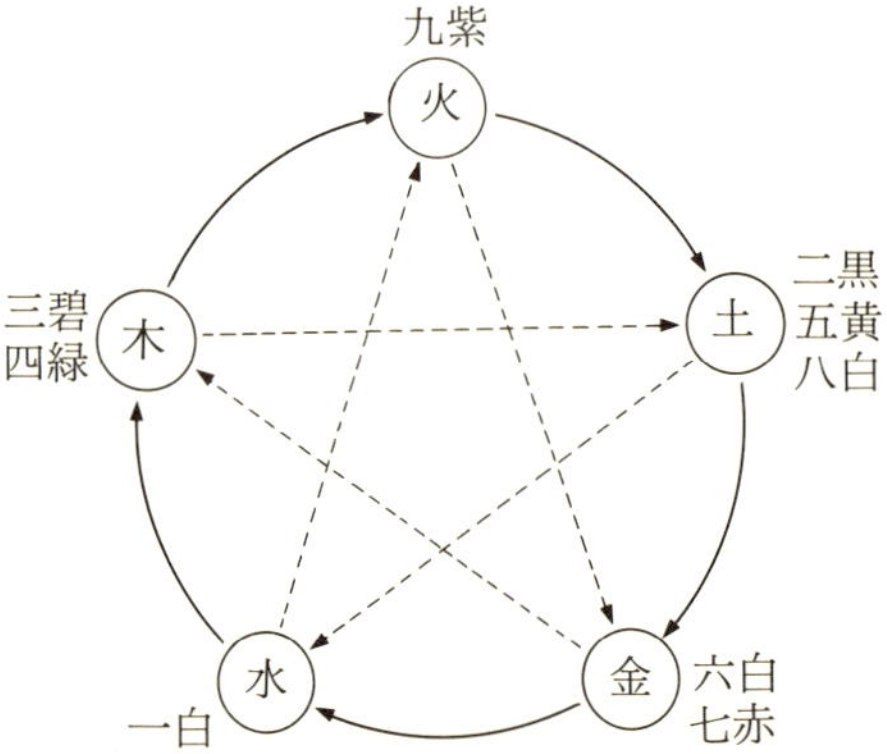

運勢暦

九星と五行で吉凶を占う気学。
九星は西洋占星術の12星座に当る。

(注)Ⓐ→Ⓑ　A，Bは相性が吉
Ⓐ⇢Ⓑ　AはBより強い
Ⓐ⇠Ⓑ　AはBより弱い

鬼谷算命学

中国の「鬼谷子」(2,000年前)という戦略家の考案によるもので，中国最古の占星学である。自然界の木火土金水がもつ10の主精をもとに宿命を占う。

家相学

古代中国の学問『風水地理』が発展したもので，気候や地形など，地球のもつ特徴をどうとらえ，良い家をつくる学問である。日本の家相学はこれに「九星気学」をとり入れてつくっている。

（注）　鬼門は“良くない方位”ということではなく，エネルギーの裂け目で，物事をスタートさせるところ。
流れ道なので，不浄なものを置いてはいけない，という。

数	9	の組合せ
色	6	
十二支	12	
十干	10	
方向	8	

その他，姓名判断では〝運数〟，手相では〝運線〟などと，占いでは数や図形という数学を土台にしているのが興味深い。

いささか雑然としたが、ここでは古今東西で人々に大きな影響を与えてきた占星術が、その構成において、数学での『組合せ』と深くかかわっていることを示したかったのである。

最後に組合せの数の数え方や作り方の基礎になる最小公倍数、樹形図について簡単にふれておこう。

最小公倍数 十干十二支の周期

2) 10　12
　　5　 6

最小公倍数は，2 × 5 × 6 ＝60　60年

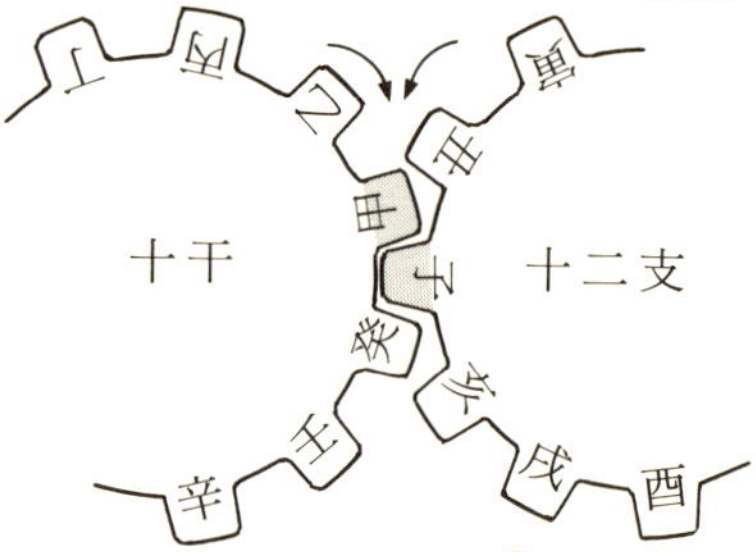

樹形図

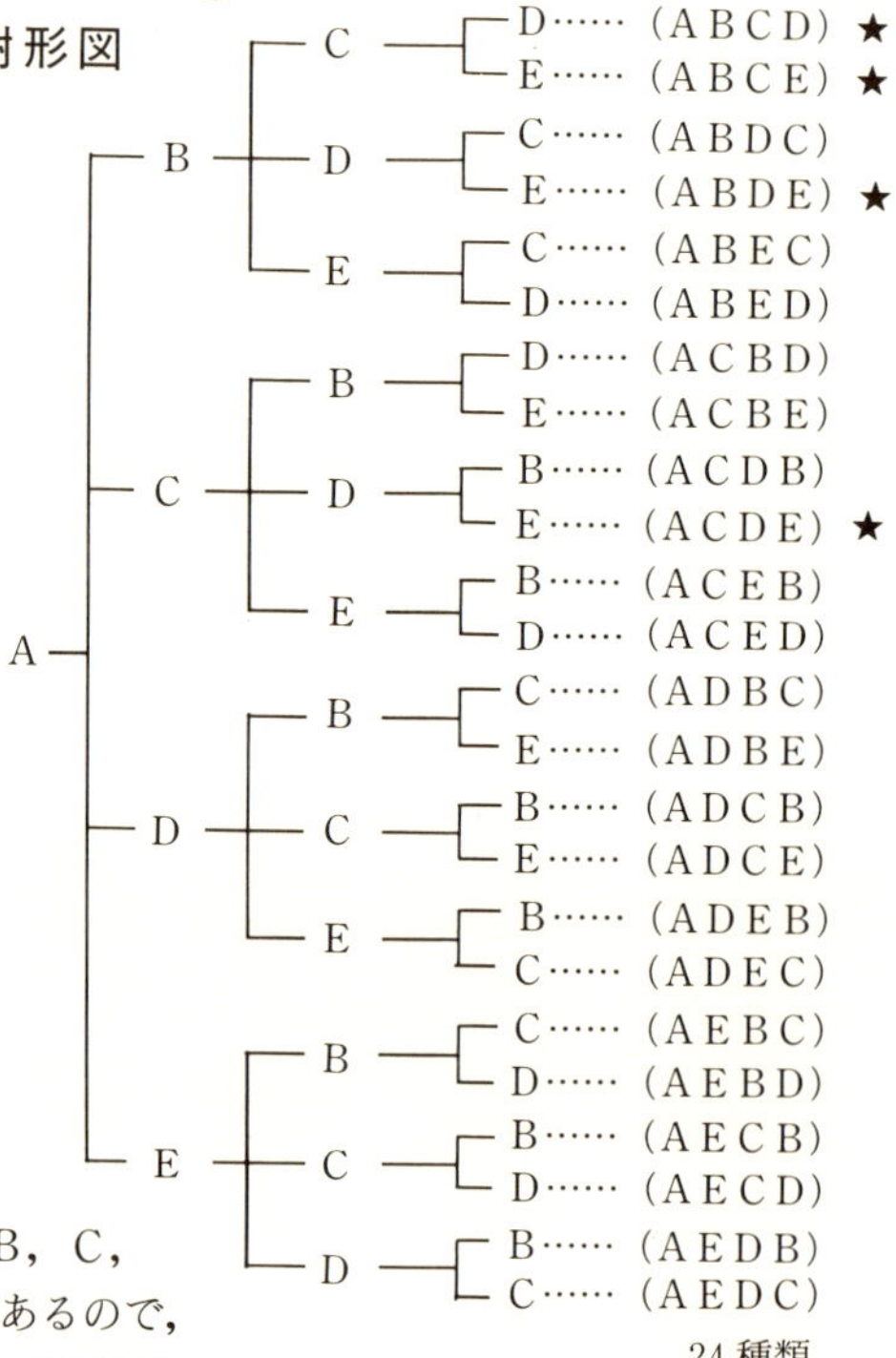

この他，先頭がB，C，D，Eの場合があるので，
24× 5 ＝120　120通り

傍目八目

順列と組合せ

順列

n個の中からｒ個をとって一列に並べたものを，n個のものからｒ個とる順列といい，順列の数を下のように表す。

$_nP_r=n(n-1)(n-2)\cdots\cdots(n-r+1)$

組合せ

順列で，順を考えず組だけの総数を求めるものを組合せといい，下のように表す。

$$_nC_r=\frac{_nP_r}{r!}$$

（計算例）

「5個の中から3個」また，5個とる順列と組合せの数。

$_5P_3=5\cdot4\cdot3=60$,　$_5P_5=5!=120$

$_5C_3=\dfrac{5\cdot4\cdot3}{3!}=10$,　$_5C_5=1$

（具体例）

Ａ，Ｂ，Ｃ，Ｄ，Ｅの中から「４人組」を作るときの組合せの数は，

$_5C_4=\dfrac{_5P_4}{4!}=\dfrac{5\cdot4\cdot3\cdot2}{4\cdot3\cdot2\cdot1}=5$　5通り

（ＡＢＣＤ），（ＡＢＣＥ），（ＡＢＤＥ），（ＡＣＤＥ）（以上は前ページ樹形図の★），そして（ＢＣＤＥ）

（注）Ｐは Permutation（順列）の頭文字。

Ｃは Combination（組合せ）の頭文字。

5！は　5・4・3・2・1＝120　を表す。

五、オペレイションズ・リサーチ

戦勝のための数学術

〝戦略、戦術に数学が不可欠〟であることを示した決定的なものが、第二次世界大戦中に創案された『オペレイションズ・リサーチ』であろう。

人類が戦争というものを始めるようになって以来、数千年間何万件、何十万件の戦争があり、その方法はいろいろあった。しかし、つねにその背景に数学そのものや数学のアイディア、手法が活用されていた。ときに表立って、ときに裏方として――。たとえば、

○兵員、食糧、武器や牛馬の数、人民の協力度
○攻撃計画や体勢、陣型（一一九ページ参考）、防御方式や計略
○謀略、陰謀など後方攪乱や流言飛語のスパイ活動
○敵味方双方の情報収集
○種々の連絡法や暗号作戦

などなど、あり、いわゆる軍師、参謀、戦略家、兵法学者などは、経験と天才的直観で、これらを巧妙、的確に判断、処理、活用していたのである。

三須照利教授は、戦中育ちであったこともあり、前述のオペレイションズ・リサーチにはたいへん興味をもっていた。

オペレイションズ・リサーチとは、英語で、

Operations Research　略して、OR

日本語で『作戦計画』と呼んでいる。

これを創案した機関は、軍の参謀本部の一部といえるものなのに、研究員にほとんど軍人がいない、というのが特徴で、彼がこの点について大きな魅力と関心をもったのである。

三須照利教授は、ORの成立、過程そして発展の特徴を左の順で整備していった。

㈠　素人による作戦計画
㈡　研究対象——英は独Uボート、米は日特攻機——
㈢　資料、情報の収集と分析
㈣　ORの数学内容
㈤　平和社会への利用

傍目八目の図
ウ〜ン 難問だね
カッ
傍目
カッ
ナーンダ 簡単な問題だョ
ガッ

(一)　素人による作戦計画

日夜、ドイツ空軍の攻撃を受けていたイギリスで、一九四〇年八月、ブラケット卿（後に、ノーベル物理学賞受賞）は軍の作戦計画に協力する目的で『科学チーム』を作った。

このチームはブラケット卿を含む一二人で、次のような構成である。

ブラケット卿		天文学者
数学者	二人	物理学者
数理物理学者	二人	測量技士
生物学者	三人	陸軍軍人

（天文学者・物理学者・測量技士・陸軍軍人）各一人

戦争の〝素人集団〟の何がよいのか、それは「客観的データによる冷静な判断」であろう。

ある事実にブチ当ったとき、先入観をもったり、常軌を逸したり、ということがなく、いわゆる傍目八目で、当事者より「八目も先が読める」からである。

さて、作戦計画において数学者がチームに入っているのは、統計、確率などの資料関連からだと理解できるが、物理学者、生物学者、天文学者などが入っているのはなぜであろうか。

たとえば、ロンドン周辺の天候が悪かったとき、「今日、ドイツ空軍が空襲に来るだろうか？」

このとき次のような判断が必要とされる。

○どの程度の荒天になるのか（物理学、天文学）

○人間が飛行機を操縦して飛来するのに体力はどうか（生物学）

○来るとしたら、どれほどの高度であろうか（数学、測量、数理物理）などの問題解決に役立つことになる。

ただ、気力、体力、闘志だけの軍人集団の判断より、正確であることは間違いないであろう。

㈡　研究対象

ブラケット卿の『科学チーム』は初期のうちはあまり評価を受けなかったが、次第に信頼されるようになり軍から重視された。そのため終戦時には研究員が三六五人という大所帯になり、多くの人材を輩出し、後に社会へ大きな貢献をすることになった。

さて、この増員からわかるように、研究対象も次第に広がり、大きな成果を得たが、ここではもっとも有名な二つの戦略について紹介しよう。

（英のドイツUボート作戦）

国土の狭いイギリスでは、食糧難に陥ったため、アメリカやカナダから食糧を搬入することになったが、その通路である大西洋には、Uボート（五〇人乗りの小型潜水艦）がウヨウヨしているため、この輸送船には巡洋艦、駆逐艦、魚雷艇などの護衛艦が周囲を固めなくてはならない。

しかし、これらの艦を多数配置すると輸送船団は安全ではあるが、他の地域の守備が薄くなる。

一方、護衛艦を減らすと輸送船の中にUボートのエジキとなるものがでてくる。

このバランスを、どのようにしたらよいか、「最小の努力で最大の効果」が課題となった。

（米の日本特攻機対策）

敗色が濃くなった日本は、〝特攻機〟という、大きな爆弾をかかえ片道分のガソリンを入れ、敵艦に体当りする、という必殺戦闘方式を採用した。

初期は、一機（一人）で一戦艦（二千人余）と刺しちがえるほどの攻撃で、直接的戦果だけでなく、敵将兵へ恐怖を与えるという心理的な効果もあった。

アメリカの『科学チーム』では、この特攻機攻撃に対して、たとえば、

○上空から突っこんできたとき、
　大型艦と小型艦との守備方法
○海面スレスレの低空からきたとき、
　大型艦と小型艦の対応方法

など、特攻機の攻撃と艦船の大小や方向、砲の数というそれぞれの条件によって具体的対応策、戦略がチームによって提案された。

(三) 資料、情報の収集と分析

イギリスの科学チームでは、Uボートの基地であるビスケー湾を、哨戒《しょうかい》機を使った「スイープ（ほうきで掃く）方式」で、湾に出入りするすべてのUボートを発見した上、それの深度に合わせた爆雷の開発で、攻撃した艦の$\frac{1}{4}$を撃沈したという。

アメリカの科学チームでは、すでに資料としてあった二千機の特攻機について、艦隊の上空まで達した四七七機（他はそこへ来るまでに撃ち落とされた）の攻撃方法と結果について記録を分析した。これらのうち一七二機が体当りに成功している。それについてさらに分析して、前ページの問題に対する結論を得たのである。

これを各艦隊の司令官に報告したところ、これに従った隊は、被害が五〇％から二九％に減ったのに対し、無視した隊は被害四七％とあまり変化がなかったことから、科学チームの結論の信頼性が高まったのである。

〔**参考**〕Uボートは約八〇〇隻で、$\frac{3}{4}$が沈没。特攻機は二、五三〇機が出ている。

(四) ORの数学内容

ORは二〇世紀後半に誕生した、まったく「新しい数学」であるので、代数とか幾何という分類に入るものではなく、統計、確率や線形代数、ベクトルなどを道具として使いながら社会科学的な問題解決をいろいろな数学的アイディア、手法で解いていった。

数学上での名称として、代表的なものに、次ページのようなものがある。

ORの内容

線形計画法（LP）

・幾種かの製造品の生産比率
・混合肥料の配分
・ハム，ソーセージなどの練り製品における材料の配分
・工場，マンションの建設計画
など

窓口の理論（待ち行列）

・野球場や劇場の窓口の数
・駅などの公衆電話の数
・バスや電車の本数
・交通信号の秒数
・ビルのトイレやエレベーターの数
・レストランの机数
・工場での工具の数
など

ゲームの理論

・碁，将棋，マージャンの作戦
・各種スポーツの試合はこび
・競争入札や競売のかけひき
・買い占め，売りおしみ
・生産と在庫のバランス
・同業会社の販売合戦（広告など）
・会社などの社員の健康管理
・鉄道会社のレール交換期間
など

ネット・ワークの理論

・本店と支店，工場と販売店の通路
・セルフサービス店のものの配列
・部屋の家具などの配置
・コンピュータや人工衛星の配線など

パート法

・工場の流れ作業の組織
・ビル建設などの作業日程計画
・大掃除の仕事手順
など

シミュレーション（模擬実験）

その他

㈤　平和社会への利用

戦争が終り、『科学チーム』の組織は解散し、研究員たちはそれぞれ以前の大学や研究所へもどったが、平和になった社会を静かに見回すと、多くの社会事象が、戦争状態と同じで、これまで研究してきたORがそっくり使用できることを発見したのである。

ORの基本が「最小の努力で最大の成果をあげる」ことにあるからである。たとえば、

○ある食品工場で新製品を造るのに、〝安くて、うまくて、たくさん売れる〟品は、どのような材料をどれほど混合させたらよいか（線形計画法）

○五万人もの観客が来る野球やサッカー場あるいは遊園地などでの切符売り場で、長い行列ができないよう窓口を多くしたいが、場所、人件費を考えると窓口の数を少なくしたい。最適なのはどれほどか（窓口の理論）

○化粧品会社やビール会社が、同業の他社より多く品物を売って勝ち抜きたい。どんな品を何という名称で、どのような宣伝をしたらよいか、と競争の工夫をする（ゲームの理論）

○大きな宅配便の会社が、都心に集配所を作り、ここ

鞍点

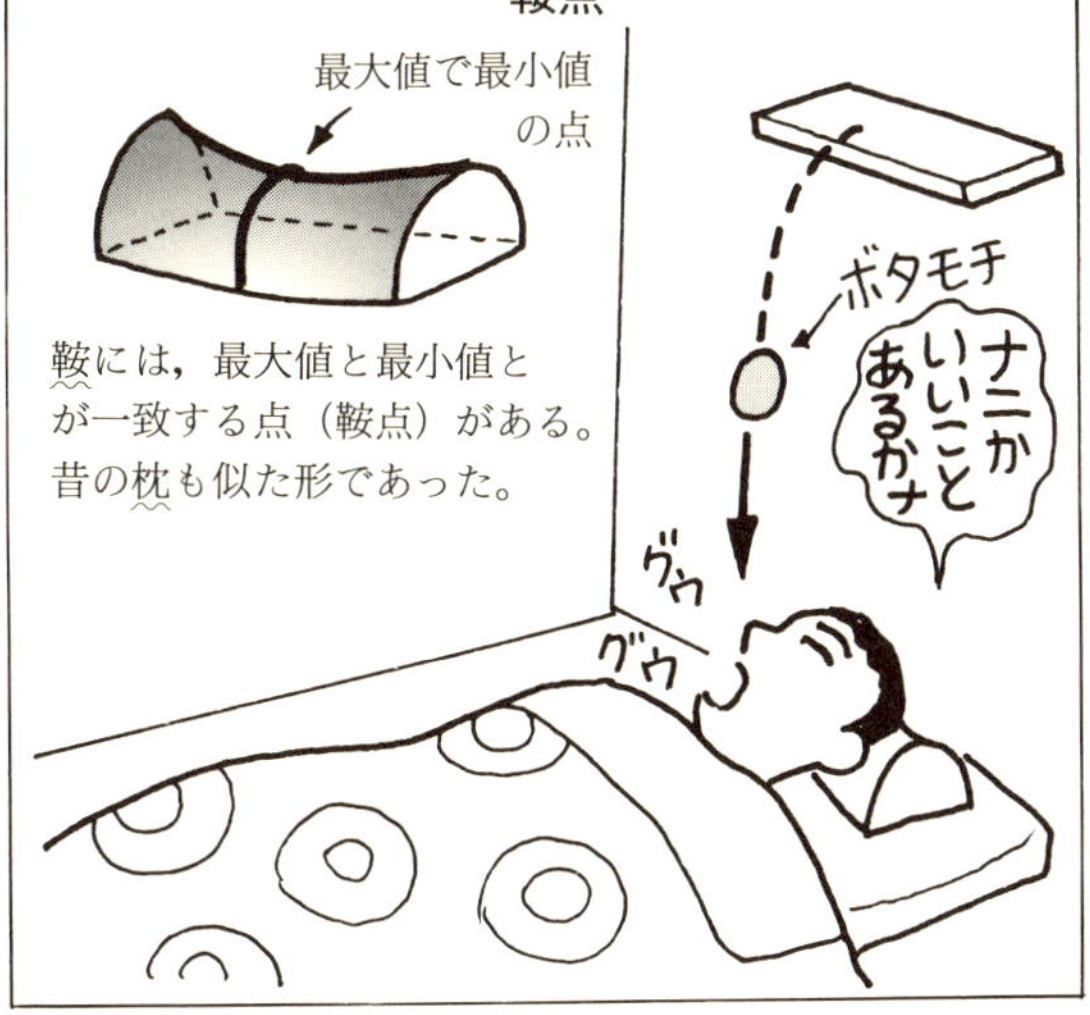
最大値で最小値の点
ボタモチ
ナニかいいことあるかナ
グウ
グウ

鞍には，最大値と最小値とが一致する点（鞍点）がある。昔の枕も似た形であった。

から、各地域の小集配所へ依託品の集配をおこなうことになった。このとき大集配所と各小集配所とを結ぶ交通路をどのようにしたらよいか、上手にやるとトラックを五台も六台も減らすことができる上、集配の能率もよくなる（ネットワークの理論）

○ビル建設ともなると、非常にたくさんの材料、工程、作業用機器、人員が必要であり、経費、日程などの計画、運営がたいへんである。これらの作業手順はどのようにするのが能率的で経済的か（パート法、Program Evaluation and Review Technique この頭文字をとって、PERT）

○ある大がかりな計画を実行するとなると、失敗したときの損害が大きい。そうしたとき模擬実験をし成否をたしかめることをする。

自動車や航空機操縦、あるいはスキーなどのスポーツ練習でも採用されるようになった。（シミュレーション）

第5章

三千年の背景をもつ「算経」

（見方で）"魔女と美女"

13 世紀の数学黄金地・杭州の街の駅

中国の郊外の平均的ポプラ並木の風景

一、〝竹を弄《もてあそ》ぶ〟が算の古字

計算道具のいろいろ

三須照利教授の友人の一人に「日本は伝統ある竹文化の国だ」として『竹』に異常な興味をもっているのがいる。〝竹の魅力〟とは何なのであろうか？

竹冠のつく語

一、植物名	筍《たけのこ》、箘、篠《しのだけ》、篘《くまざさ》
二、生活用品	筆、管、箋、箒、箸
三、容器、物入れ	笈、筐、筒、筥《きょ》、箱
四、魚取り道具	竿、簗《やな》、篝《かがりび》
五、計算関連	笇《さん》、策、答、算、箇
六、楽器類	笙《しょう》、笛、笳《あしぶえ》
七、土木・建築関係	筧《かけい》、築、篊《とい》
八、戦闘用具	笮《えびら》、箙《えびら》、箭《や》
九、人間心理	笑、筮《うらない》、箴《いましめ》
十、その他	笞《むち》、等、筋、箯《べん》、簾

（約240字ある）

彼がまず切り出すのが、現代の日常生活用品の素材が、軽便浮薄なプラスチック、発泡スチロール製であふれていることを怒り、これを蔑視した上、かつての圧倒的な竹製品時代をなつかしく賞賛する。

そして次に、上の表を示してわれわれ漢字文化圏の民族で、竹冠の文字や語が生活や文化の必需品的存在であることを力説する。

さらに第三は、中国伝来文化を、日本で〝竹文化〟として定着、発展している点だと述べる。

『竹』の語源は「たけだけしい」（猛々しい）、つまり勇ましさからきたものといわれる。また、英語のbambooは、竹を焼いたとき稈《かん》（節と節の間）がバン、と音をたてて裂ける、その音からという。

幹が中空になっている不思議な木であるが「空気をどうやって入れたのか？」ミステリーを秘めた点、興味深い木である。

竹にはいろいろな種類があるが、主要なものは中国伝来が多く、時代名をつけた、漢竹（メダケ）、呉竹（ホテイチク）、唐竹（マダケ）、それに孟宗竹（最大の竹）がある。

インドの仏陀の遺跡『竹林精舎』、中国晋代の七人の文学者の清談会合の『竹林の七賢』（老荘主義を理想）など有名であるが、わが国では『竹取物語』がよく知られている。

これは平安時代初期（九～一〇世紀中ごろ）、源 順《したごう》が、はじめての〝かな書き物語〟として書いたもので、文学史上で意義深いものといわれる。後の『源氏物語』の中で「物語のいできはじめの祖《おや》」と書かれていることによるようであるが、実は作者不明の上、漢文の原型があった、ということから、この物語は中国伝来と想像されている。

おそらく遣唐使らが、竹文化と共に、この物語をもち帰り、日本流に改作したと考えられるもので、日本の話は五人の貴公子の求婚に対し、下のような無理難題を出してしりぞけた後、月へ旅立つ、というものである。

さて、そろそろ**数学の話**にふれることにしよう。

わが国へ大陸文化が伝来した五世紀ごろ、天文、暦、易がもたらされ、八世紀の大宝律令（七〇一年）には大学と全国に国学が設立されて〝算学制度〟が確立したが、これらの数学はすべて中国流のものである。

算博士、暦博士、天文博士などの制度（後に世襲化する）ができ、室町時代まで数百年続いたが、次第に卜占術師や陰陽師となり、数学の発展にほとんど関係がなくなった。

かつて中国の春秋戦国時代の論理は、中国数学に――古代ギリシアのようには――反映せず、説明や証明のない解法技術中心のもので、日本もそれを採用した。つまり、〝数理思想〟という高級な考えは育たず、技術にとどまってしまった。

『陰陽術』が二進法の数学として発展しなかったのが、残念なことに思われた。

わたくしの欲しいものは・・・・・・・・
唐土の火鼠の皮ごろも
竜の首の五色の玉
燕の子安貝
天竺の仏の石鉢
蓬莱山の玉の枝
どれもムリです
私と結婚してください

計算の道具

一、指算《ゆびざん》

二、器具による計算

・小石 ——→ アバクス(算盤)

・骨 ——→ ネピア・ボーン

・縄 ——→ キプ(インカ)、沖縄

・板 ——→ 計算板

・木 ——→ 算木

・竹 ——→ 籌《ちゅう》

・その他

ローマのアバクス

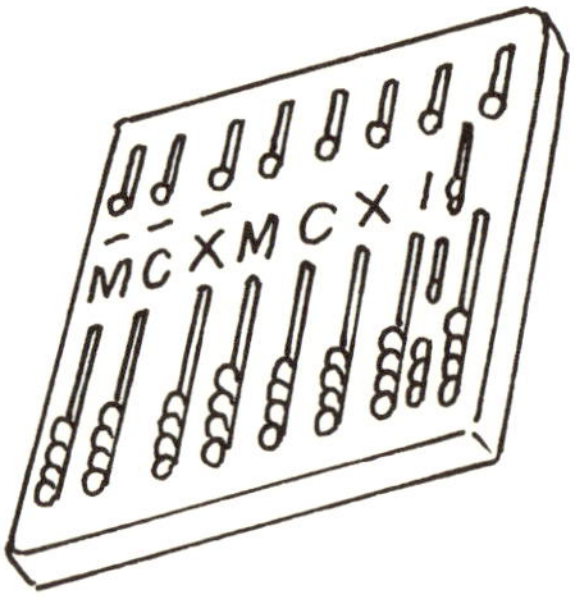

計算板

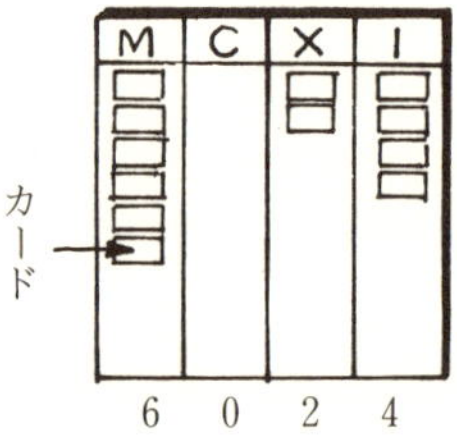

ネピア・ボーン（計算棒）

（例）　274×38

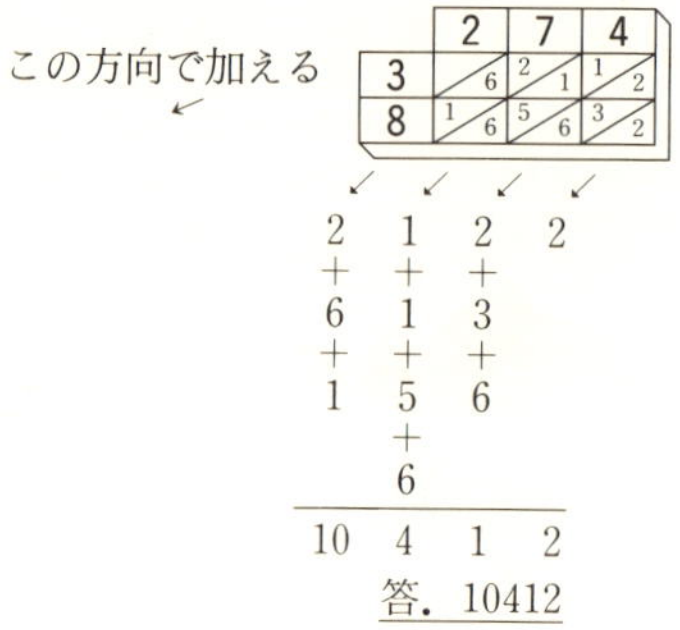

算木，算籌

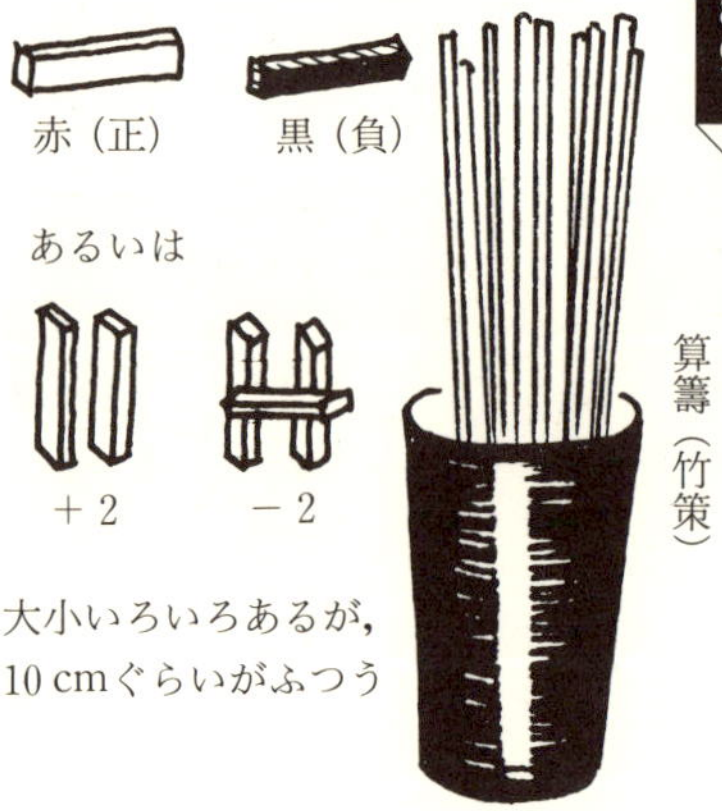
占いの「筮竹」と同じ

傍目八目

竹文化と〝道〟

前述した三須照利教授の友人は『数学』を和算道という立場で研究していて、計算も〝算籌〟にこだわり、実用よりも精神修業の〝道〟に力を入れている純和人である。

国際化時代を迎え、「真の国際理解は自国のアイデンティティを確立すること」と考えている姿勢で、すでに剣道、華道、尺八道に精進しているが、これらに共通するものは、〝竹文化〟である。いずれ茶道、弓道も、と意欲を燃やしている。余談ながら、彼の誕生日は八月九日。破竹の日。

さて、〝和算道〟とは、どのようなものであろうか？（巻末参考）

三須照利教授の友人の趣味

竹刀

花器

尺八

二、漢代の数学レベル

「漢数字」と他民族の数字

五千年以上の古い文化をもつ中国では〝数字〟をふくむ文字の誕生も早く、三千五百年前の殷代の甲骨文字が、現存する最古のものといわれている。

これが約二千年の歳月をかけて、左表のような経過で、いわゆる漢字が完成した。

文字の変遷

年	時代	名称	例
B.C. 1500–1100	殷	甲骨文字	
300	周	大篆《てん》	
	秦	小篆（隷書）	
200 / A.D. 100	漢	漢隷	
	後漢	楷書	
200	三国以降	行書	
		草書	
300			
700	唐代	漢字の完成 多様な書体	
900			

『説文解字』（後漢の許慎の著）によると、漢字に次の種類がある。

漢字（六書）
- 構成
  - 象形——日、月、人、火
  - **指事**——一、二、三、上、下
  - 会意——（右の二つの合成）信、鰯……→（これから主として国字を作る）
  - 形声——（意味と音の合成）借、惜
- 用法
  - 転注——ある語を新しい意義への転用
  - 仮借——意義に関係なく同じ音への転用

漢数字は右の〝指事〟から創案されているが、古代文化民族——メソポタミア、エジプトなど——が「刻み数字」であるのに、中国は刻み数字は4までであるのが特徴である。一方、「単位（桁記号）記数法」（巻末五ページ参考）である点は共通で、左のようになっている。

｜（10）、∪（20）、（100）、（1000）、（10000）

甲骨文字の数字は次ページのようであるが、漢字ができると数字に対応する漢字もできた。

エジプトの百万

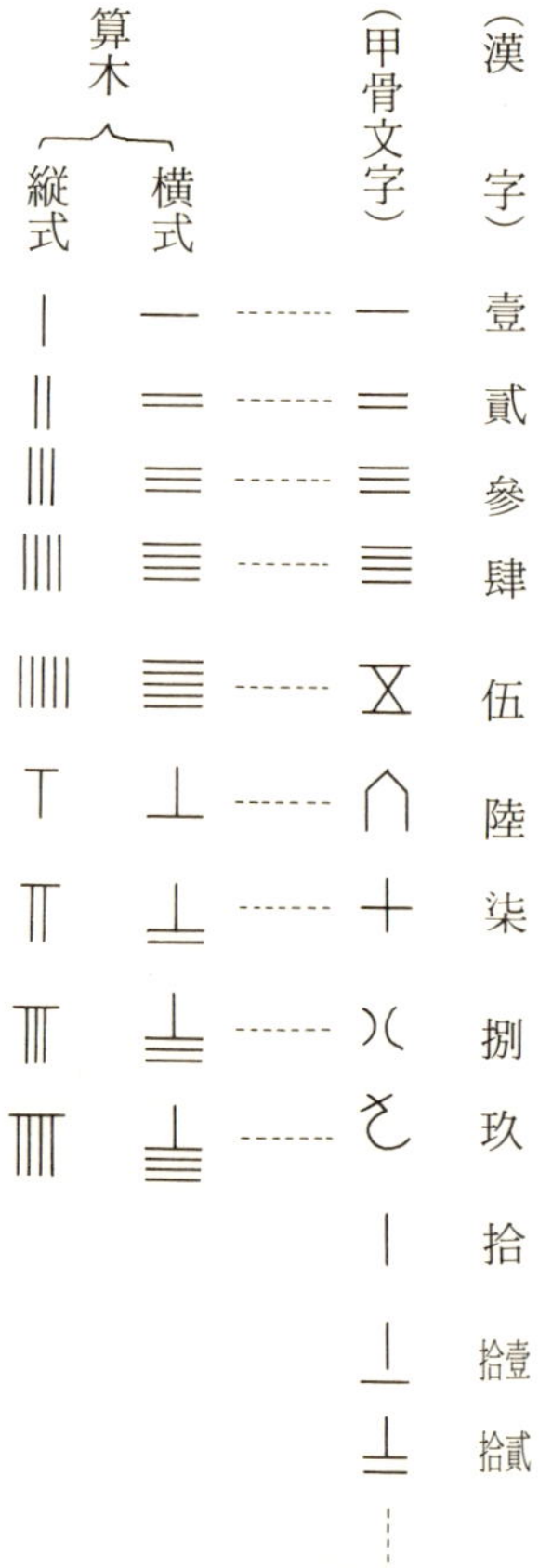

「甲骨文字」は骨に刻みを入れるようにして表したものであるが、算木は計算盤（布算）に並べて表示するという方法から、必然的に棒状になり、計算では〝位取り〟を考えたものになる。

一方、**数詞**の方は、左に示すように、後漢以後発展しインドの仏教の影響を受けて大数、小数の数詞がふえた。（無量大数は、無量と大数とに分ける場合もある）

『**数術記遺**』（後漢二世紀徐岳）の中の「大数」

一、万、億、兆、京、垓、秭、穣、溝、澗、正、載、極　｜　恒河沙、阿僧祇、那由他、不可思議、無量大数（恒河はガンジス河）

『**数書九章**』（宋一一世紀、秦九韶）の中の「小数」　↓一一世紀末、仏典からつけ加えられた

一、分、厘、毛、糸、忽、微、繊、沙、塵、埃、渺、漠　｜　模糊、逡巡、須臾、瞬息、弾指、刹那、六徳、虚、空、清、浄

数字、数詞の次は**数計算**である。

約四百年続いた漢では、それまでの文化を集大成したが、紀元前一世紀の王朝に仕えた劉父子ほか数人の学者によって整理された内容は『漢書』芸文志に収められている。

これには、測量技師許商による『許商算術』（二六巻）、数学者杜忠による『杜忠算術』（一六巻）が紹介されている。

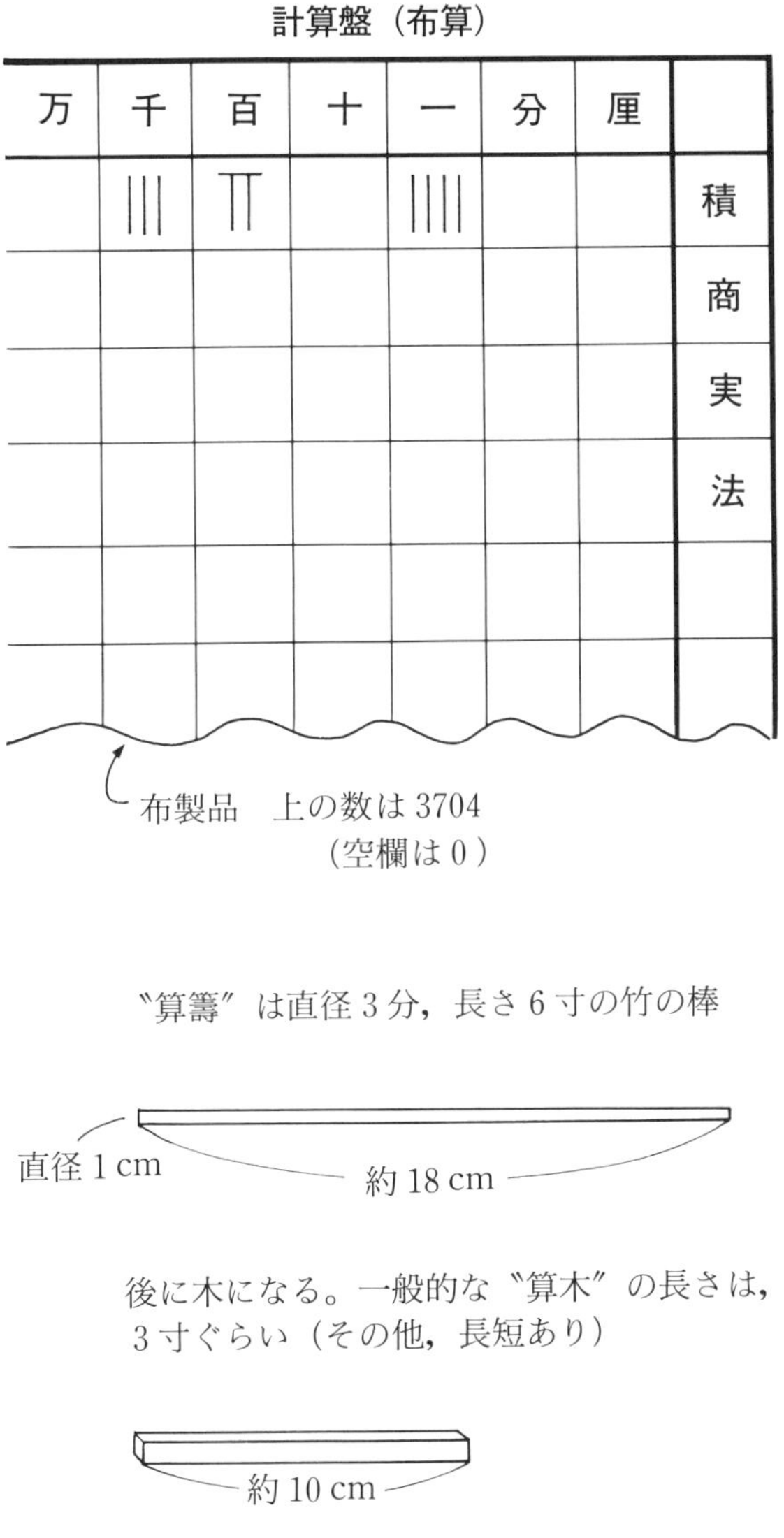

〝算籌〟は直径３分，長さ６寸の竹の棒

後に木になる。一般的な〝算木〟の長さは，
３寸ぐらい（その他，長短あり）

第四は、**図形と論理**である。

秦の始皇帝の天下統一のあとを受け継いだ漢代では、安定社会の財源確保上、税制が整備されていて、その基準である田畑の面積の把握、つまり、土地測量術についての高度な技術をもっていた。

測量術は図形の分類、名称、それに適切な器具、道具、正確な測量、つまり、作図法それから生まれる図形の性質の発見、そしてその裏付け（説明）などと、図形についての研究は発展し高められてきた。

『九章算術』の章

方　田（三八問）○
粟　米（四六問）
衰《さ》　分（二〇問）
少　広（二四問）○
商　功（二八問）○
均　輸（二八問）
盈《えい》不足（二〇問）
方　程（一八問）
句《こう》　股《こ》（三四問）○

漢代を代表する『九章算術』の九つの章の中では、第一章方田（面積計算）、第四章少広（方田の逆算）、第五章商功（立体）、そして、第九章句股（三平方の定理）などが直接、図形に関する内容である。――上表の○印――

しかし、説明、証明という論理の方面に欠如がみられる。

中国の春秋戦国時代は諸子百家による高度な〝論理学〟が成立していたにもかかわらず、ほぼ同時代のギリシアで『論証幾何学』が誕生しているのに、中国では不可能であった。墨子による著『墨子』では、正しい弁論術を目指しそのためには〝定義〟の重要性を説いた。たとえば、円については、

「円とは一中同長なり」（一つの中心から長さの等しい点の集合の意）

しかし、この考えが、数学の中味まで浸透することはなかったのである。

そこが、ほぼ同時代のギリシアのプラトンと似ていて、異なる〃民族差〃であったといえよう。

漢代の数学名著は次の三書である。

『周髀算経』――周代の天文術をまとめた本で、髀《ひ》（マージャンのパイの語源）を使った天文観測の方法。暦法書でもある。

『九章算術』――一世紀ごろの数学百科全書といったもので、それまでの数学内容を集大成した名著。前ページに示す九章からできていて、後世への古典として大きな影響を与えた。

『数術記遺』――前二書は著者不明であるが、この本は二世紀の徐岳の著作である。

数と計算術の書として代表的なものであり、はじめて〃珠算〃の語を用いる。

この三書は、五百年後の唐代にそれぞれ『算経十書』の一つとして収められている。

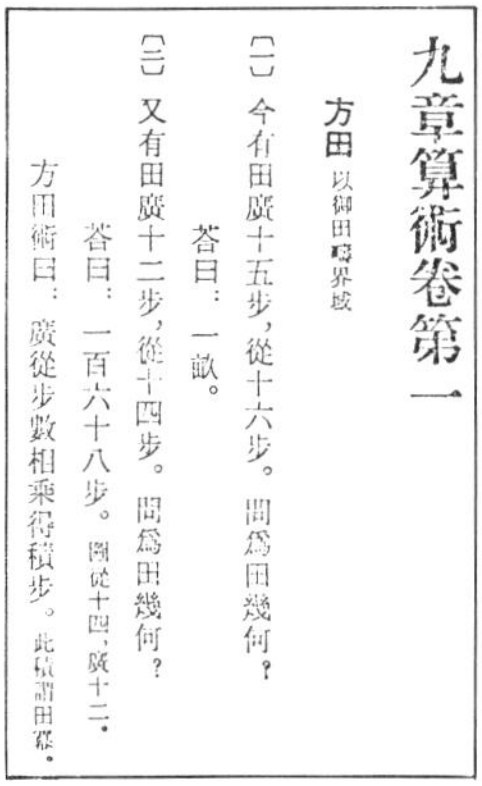
九章算術卷第一

方田 以御田疇界域

〔一〕今有田廣十五步，從十六步。問爲田幾何？

答曰：一畝。

〔二〕又有田廣十二步，從十四步。問爲田幾何？

答曰：一百六十八步。圖從十四，廣十二。

方田術曰：廣從步數相乘得積步。此積謂田冪。

（中国古典書より）

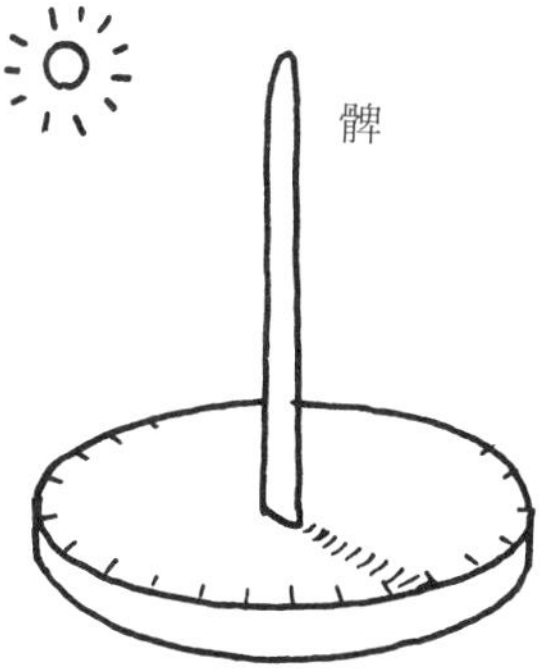

日時計

三、『算経十書』と論理

唐代の偉業と後世への影響

『人間の文化は、長期的にみると竹のように、伸びる部分と〝節〟の部分とが交互にある』という竹文化好みの友人の説に、三須照利教授は賛成している。

中国の数学文化についてその変遷を表にまとめてみると、それが見事に確認されるのである。

次ページの表をみてみよう。

中国の第一期は漢代でその代表作が『九章算術』で、その時代までの集大成である。第二期は唐代で『算経十書』がそれである。そして第三期が南宋の数学黄金時代である。これらがいわゆる〝節〟だ、と友人はいう。

この節の期間とは、古代ギリシアがターレスからユークリッドまで三百年で『幾何学』が成立し、江戸三百年間に日本独特の数学『和算』が完成した。またイギリスの『統計学』、フランスの『近代幾何学』も完成に約三百年間を要している。このように、平和の期間が三百年必要だと想像される。

ここで再び年表をみてみよう。

漢代は前・後漢合わせ中間の新を除いて三八九年、唐代は二八九年、南宗も宗代としては三一九年で、この〝文化完成三百年説〟と合致するのである。

中国数学の歴史と節

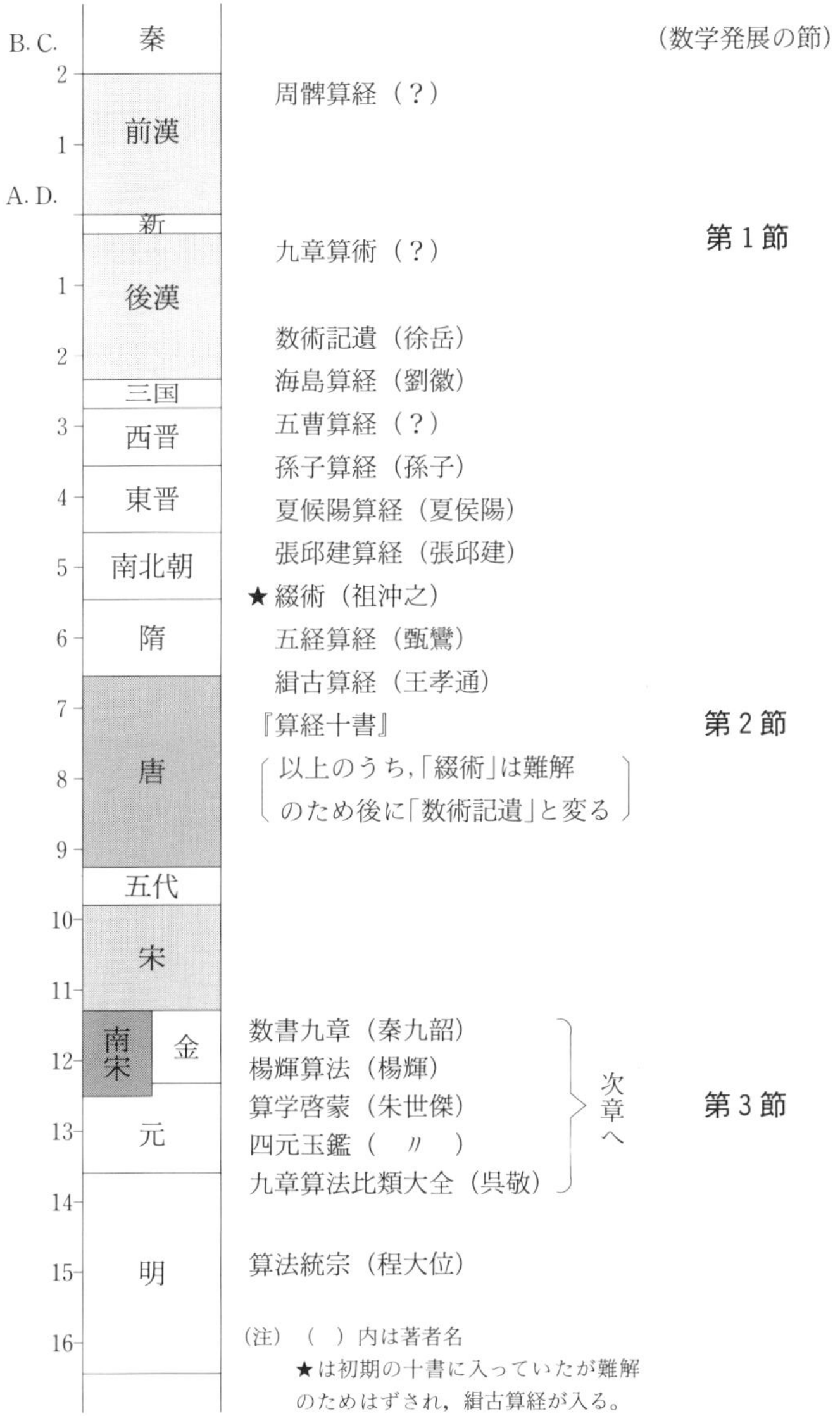

唐代の算学制度

二人の算学博士のもとで三〇人の弟子が二組に分かれ、修業年限七年で学ぶ。

第一組――孫子・五曹（一年）、九章・海島（三年）、張邱建（一年）、夏侯陽（一年）、周髀・五経（一年）

第二組――綴術（四年）、緝古（三年）

というように、算経十書が重視されたが、各書の内容は、左のようである。

『算経十書』の分類

一、百科全書　九章算術――前述のように九つの章からできている

二、役所役人用　五曹算経――田曹、兵曹、集曹、倉曹、金曹の五つで、〝曹〟とは役所のこと

三、測量術　海島算経――海の先にある島までの距離の測定法や地図

四、天文学　周髀算経――天文観測の方法と暦法

五、暦　法　緝古算経――九章算術に似た内容のもの

六、計算法　数術記遺――算籌による計算の方法

七、円周率など　綴　術――アルキメデスの「取尽し法」に似た高級数学

八、易、暦法など　五経算経――算術書、儒教経典の文からの数学

九、著者名本　孫子算経、夏侯陽算経、張邱建算経――いわゆる算術書

傍目八目

数学暑假作业

北京の有名な王府井《ワンフーチン》の中の書店で、中学生用の『数学夏休み練習帳（暑假作业）』を購入した。

数学はもっとも世界共通な学問なので、大略が理解できる。その中に下のような〝小知識〟の欄に『算経十書』の紹介があり、中国教育が文化遺産の保存に熱心なのに感銘した。

同じ書棚に拙著『数のパズル』（学生社）の海賊版があった。

（余談）「数学のドレミファシリーズ」の『万里の長城で数学しよう』（黎明書房）なども中国語訳で売られている。またこのシリーズはロンドン大学の図書館にも並んでいるという。

你知道我国古代有哪些著名
的数学书籍吗？

我们祖国历史悠久，古代文化非常发达。
我国古代著名的数学著作共有十部，后来统称为"算经十书"。这十部书是，(1) 周髀算经；(2) 九章算术；(3) 海岛算经；(4) 五曹算经；(5) 孙子算经；(6) 夏侯阳算经；(7) 张丘建算经；(6) 缀术；(9) 五经算术；(10) 缉古算术。

四、美都〝杭州〟と美学

中国数学の黄金時代

約三〇〇年間繁栄した**唐**の次は、**五代**の世となったが、これは五十年で**宋王朝**に代った。宋は一六〇年続いたが北方の異民族**金**によって華北を追われ、一一二七年から浙江省〝杭州〟を首都とする**南宋**が始まった。これは一二七九年モンゴル（後の**元**）に滅ぼされるまで、一五〇年、数学黄金時代を築いたのである。

中国伝統の陰陽説や五行説という〝易学〟は、同時に**数の神秘思想**という面から、数学の新しい分野の研究がこの地で始められた。

三須照利教授は、世界的に有名な〝西湖〟をもつ美都〝杭州〟へは数学の研究上、二度訪れている。

七〇〇年前に、この静かで美しい湖の景色を眺めながら数学を論じた学者たちの様子を想像し、当時の内容はどのようなものか考えていた。

数学内部面 ｛天元術などの計算法
　　　　　　河図、洛書からの魔方陣
　　　　　　（二三ページ参考）

数学応用面 ｛商工業のための計算術
　　　　　　天文学、暦法

右のような広い範囲について、秦九韶、楊輝、そして呉敬といったそうそうたる数学者たちが活躍したのである。

専門的には『九章算術』の発展、充実が主で、

　秦九韶による『数書九章』、呉敬による『九章算法比類大全』が、その代表であり、計算法、問題の面で大きな発達があり、これらが後に『算法統宗』（一六世紀）、そして日本の『塵劫記』（一七世紀）への系図となるのであるから、われわれ日本人には恩人となる〝杭州数学〟を無視することはできない、といえよう。

首都杭州が、商工業の繁栄の地であり、また数学者が天文学に関心があったことなどから簡便で素早い計算方法が追求されていった。こうした傾向は一一、一二世紀の十字軍の人馬、物資を船舶で運んだ北イタリアのベネチア、ジェノバ、ピサの各都市国家、あるいは、一五世紀以降の大航海時代の先進各国の計算術発展と、たいへん類似したものである。

▲杭州大学図書館

現在の杭州大学

鋪地錦による乗法

28×345の計算法

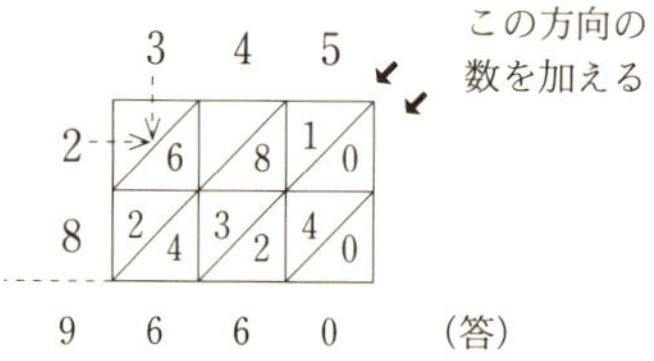

（150ページ参考）

『増刪算法統宗』より

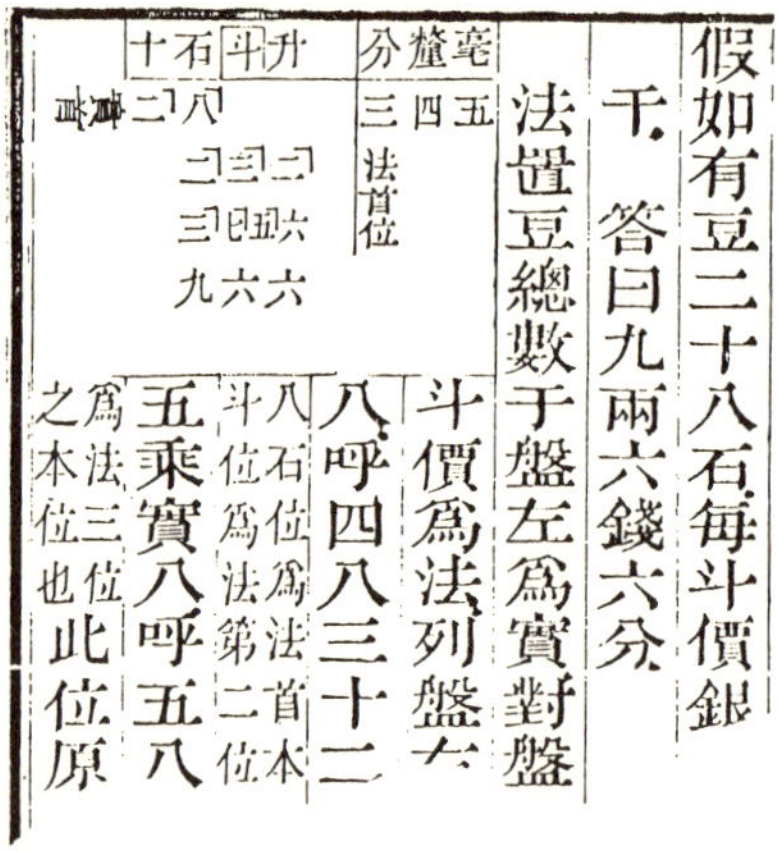
假如有豆二十八石每斗價銀
干。答曰九兩六錢六分
法置豆總數于盤左爲實對盤
斗價爲法列盤左
八呼四八三十二
八石位爲法首本
斗位爲法第二位
五乘實八呼五八
爲法三位
之本位也
此位原

代表的計算法が「鋪地錦」で左上のように、位取りを「ます目」に代えて、乗法を機械的に操作する計算法である。まったく同じ方法が西欧で「鎧戸法」（別名、格子掛算）と呼ばれている。インドで考案されアラビアを経由して伝えられたが、この名称は左上のような計算の形式からである。中国での名称は、錦織りからつけられたものと想像されるが、この鋪地錦はインドからきたものか、中国の独創かは明らかではない。

〔**参考**〕鋪地錦、鎧戸法の次が「電光法」である。この電光法をさらに改良したものが、現在用いられている縦書の方法である。

電光法

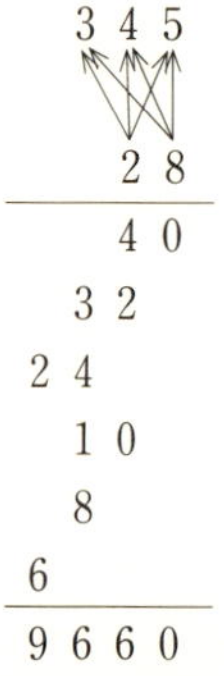

現在の縦書

	3	4	5
×		2	8
2	7	6	0
6	9	0	
9	6	6	0

五、終点〝京都〟と和算

日本独特の数学の誕生

シルクロード上を、往復しながら次第に発展、高級化した〝数学文化〟の東の終点は、日本の〝京都〟である、と三須照利教授は主張している。しかも、この地で、特徴ある完成品を創造したのである。

この江戸時代に入る前に、大陸文化の影響を受けた弥生時代以降、絶えることなく、大陸文化が伝えられたが、次ページの表にあるように数学面ではまず実用性のある天文、暦、易などが移入された。大化の改新での「大宝律令」では、唐の方式をまねた教育において算学制度がとられただけでなく、使用した本も中国の算経であった。――朝鮮経由であるため『算経十書』そのものではない――

平安時代以降は、租税や土木建築あるいは天文、暦法などに数学が用いられる程度で、中国数学を発展させることはなかった。奈良・平安時代やその後の戦乱時代では、一般庶民は公教育の場がないので、「九九」を知らないため乗除法計算ができない。そのため、計算請負業である〝算置《さんおき》〟が町かどに『算所』を設け、お金をとって計算をしたという。このとき〝易〟もおこない、それが今日まで街頭易として残っている、という説がある。

左の表からわかるように、独自のものは子ども向けの算術書『口遊《くちずさみ》』やパズル的な『継子算法』それに初等的な『拾芥《じっがい》抄』などが後世に伝えられているに過ぎないのである。

中国の数学史，日本の社会と数学書

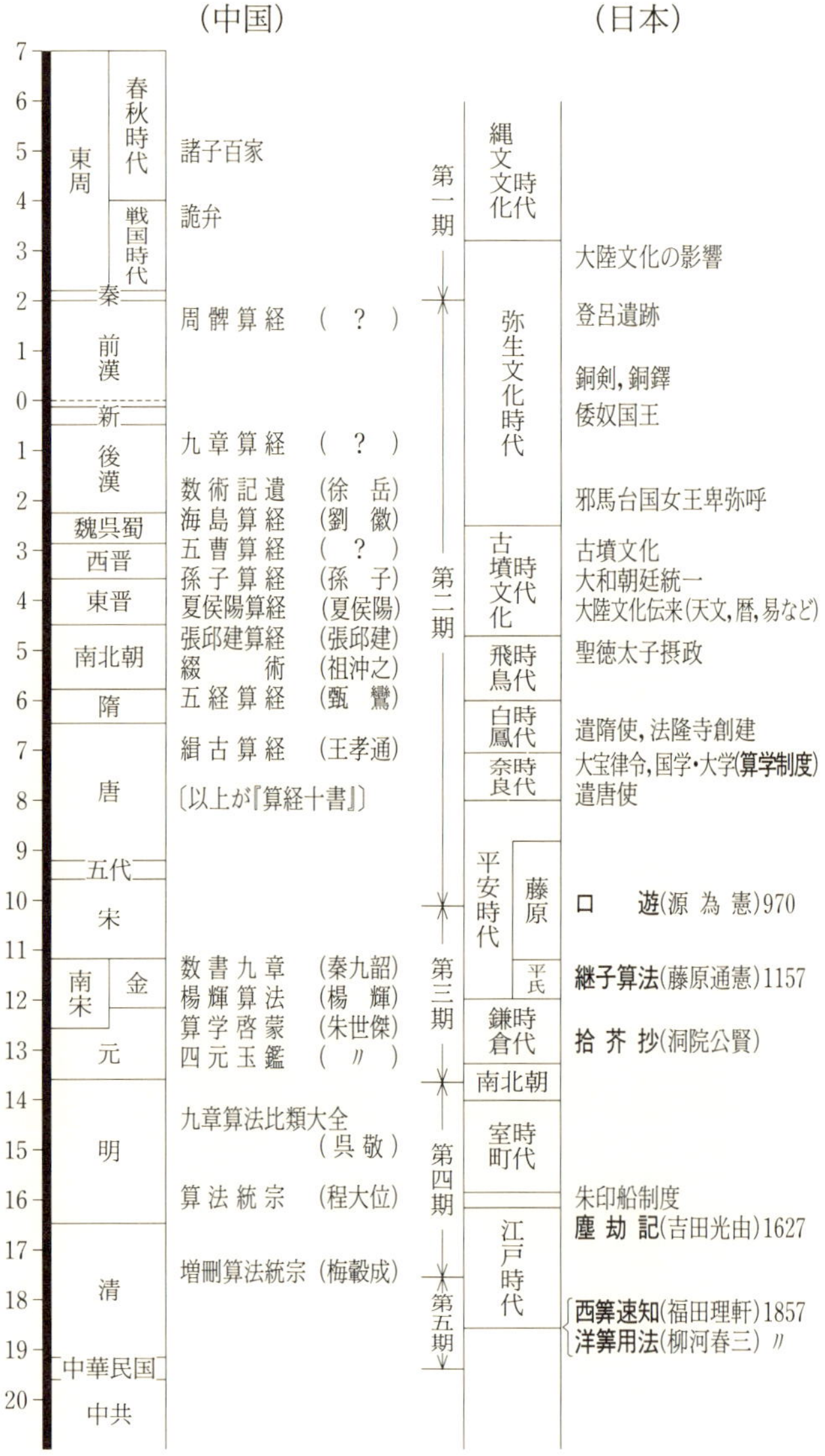

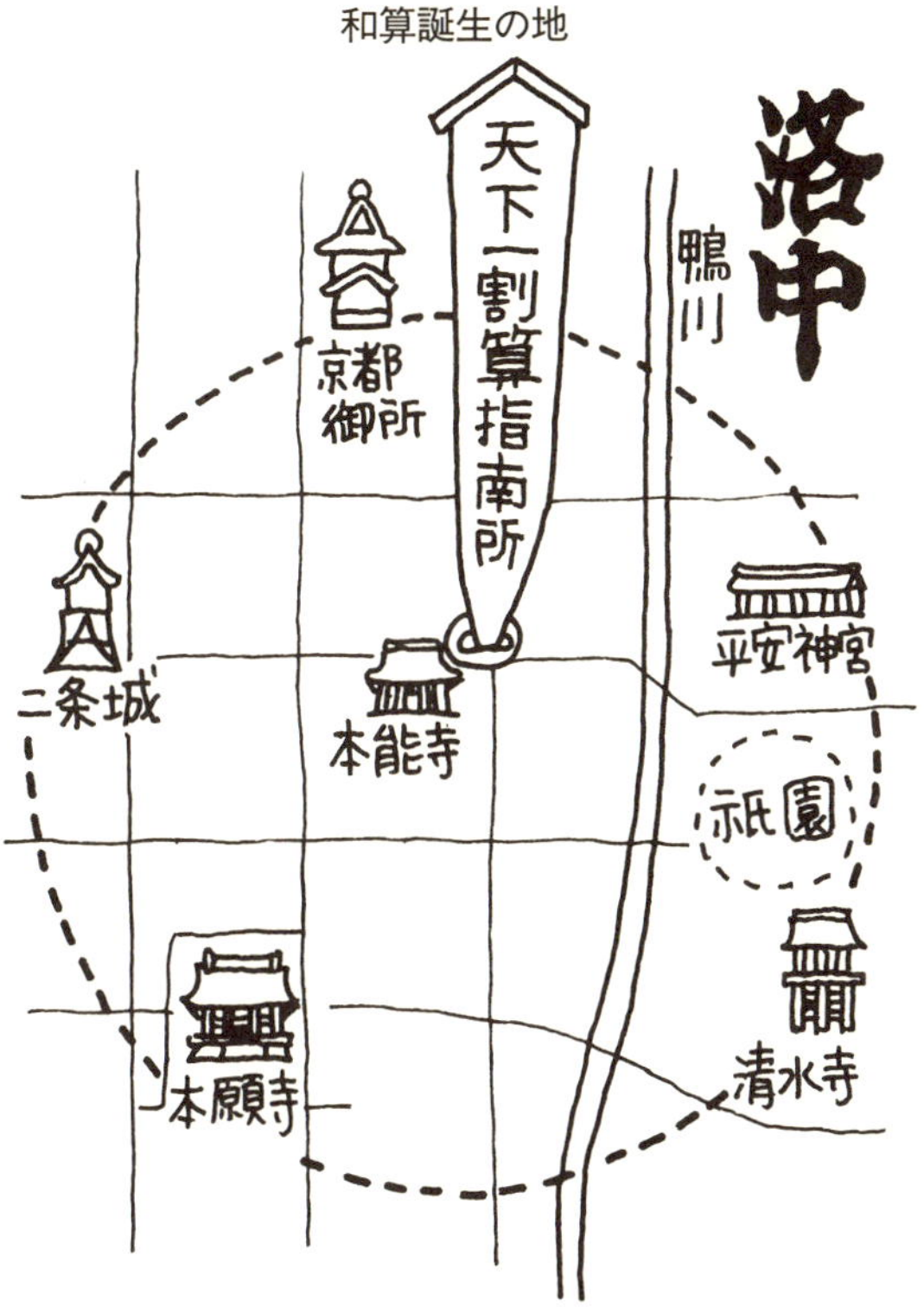

算盤塾は二条京極，京都のド真中にあった！

豊臣・徳川時代になると全国統一ができ、『朱印船』による明との通商で、中国文化が大量に輸入され、数学書もその例外ではなかった。

ここに登場するのが、毛利重《しげ》能《よし》である。

伝説の範囲であるが、彼は豊臣秀吉の命を受けて明に留学した後〝算盤〟をもち帰り、京都の二条京極で算盤塾を開いた。

このとき、すでに徳川時代で、大阪、堺、京都などを中心とした商業活動が盛んで、計算術が必要とされていたのである。

三須照利教授は、このことに大きな興味をもった。

毛利重能の開いた算盤塾『天下一割算指南所』には常時二、三百人の門生がいて盛況をきわめたというが、この時代、この場所、この人とどうかかわるのか、という点である。そこで京都を三回も訪れ、京都算盤連盟、個人タクシー会長、あるいは本能寺住職、旧家、老舗商店、古老などに聞

「算盤塾」発生の地，近くの本能寺（京都）

き、たずね歩いて、ついに塾の地を探し当てた。そして、その場所が京都の真中の〝洛中〟にあり、しかも前ページの図のような有名な場所の円の中心の地であることを発見した。（中京区寺町通二条下ル、京都共済協同組合の位置）

ここは、まさに人々が集まりやすい場所であり、しかも当時の社会が計算術を学ぶ意欲に燃えていた。加えて、毛利重能という人物が、さほど数学の知識、学力は高くなく、『割算書』、『帰除濫觴《らんしょう》』（いずれも算盤の書）ぐらいの著作しかないが、抜群の指導力と後輩養成の才能をもっていたのである。

以上のことから、「毛利重能によって日本の近世数学の土台ができた」と三須照利教授は考えたのである。数学史をひもとくと、古今東西すべて、

（発展した社会）→（活発な商業活動）→（計算術）

の構図がみられるが、この京都の地での算盤塾はまさに公式通りというものであった。しかし、わが国の特徴はさらにその先にあった。

一つは、発刊後三〇〇年もの間、庶民教育の算術教科書となった『塵劫《じんこう》記』が作られたこと。

二つは、計算術から高級な数学へと、〝関流〟を中心として発展していったこと。

関孝和の墓（東京・新宿浄輪寺）

『和算』は、関孝和を中興の祖とし、次の三大特徴で世界的レベルまでに達した数学である。

これらはいずれも競争原理による切《せっ》磋《さ》琢《たく》磨《ま》で学力向上を目指したものといえる。

一、遺題承継――著書の巻末に解答なしの問題をつけ、読者に挑戦させた。次の著者は、これを解くと共にまた解答なしの問題をのせた本を発行する、ということを続けた。（本シリーズでも採用）

毛利三高弟とその後

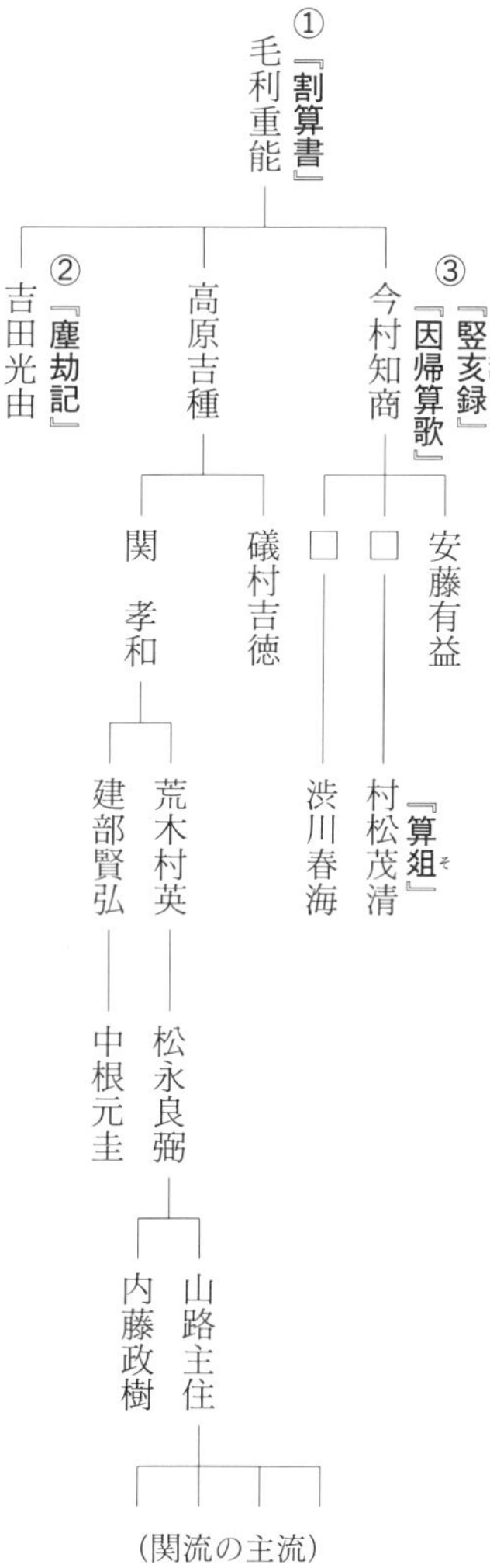

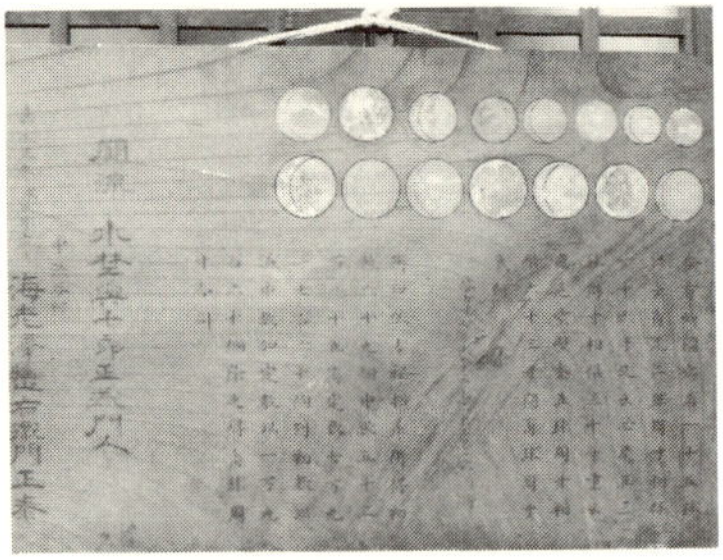

算　額

二、社寺奉額――良い問題が作れたり難問が解けたりしたとき、感謝をこめて、神社、仏閣に『算額』を奉納する。これをみた数学好きがこれに挑戦する、というもの。奉納の主旨によって、信仰算額、記念算額、宣伝算額、研究算額などがあった。

三、流派免許制―関流の他、三池流、最上流、宅間流、近道流などなど、全国に多数の流派があって相競うほか、内部では免許制を採用して努力向上に努めさせた。

次に和算の基礎学力となった『塵劫記』について述べることにしよう。

書名　この本の命名者である天竜寺の僧、舜岳玄光は、「これを名づけて塵劫記という。けだし、塵劫来事、絲毫も隔てずの句に本づく」と序文で述べている。塵劫は仏教語で、永遠の意味であり、〝永劫を経ても少しも変らない真理〟ということであるという。

動機　著作の経緯については、こう述べている。「我稀れに或師につきて、汝思の書を受けて、是れを服飾とし、領袖として其の一二を得たり。その師の聞ける所のもの、書き集めて十八巻となして、その一二三を上中下として、我におろかなる人の初門として伝へり」ここでいう或師とは親類の学者素菴で、〝汝思の書〟とは明の数学者程大位（字、汝思）の『算法統宗』のこと。つまり、ときの大貿易商角倉了以が御朱印船で中国から物資を輸入した中に名著『算法統宗』があり、これを息子素菴が読み、親類の吉田光由に教えた。彼はこの本を参考にしたという経緯がある。

特色　中国輸入数学書を含め、当時の数学書は難解であった。それに対し次の特色が目立った。

㈠ 当時の〝本は漢字のみによる〟という常識を破り、平仮名まじりの本として読みやすくした
㈡ 題材、題名、内容を、日常生活の中からとりあげたので、理解しやすい上、庶民の生活や職業上にただちに役立つことが多い
㈢ 解説に、図やカット風の挿絵が多く、直観的に理解しやすく、親しみももてる
㈣ 絵が色刷りで楽しい雰囲気をもっている
㈤ 数学遊戯がとり入れられてあり、興味をそそるようになっている

内容　大別すると次のようである。

㈠ 数の名、単位名、九九および算盤計算
㈡ 日常生活や売買、金銀両替と利息、運賃などの計算
㈢ 測量や諸作業、普請の仕事上の数学
㈣ 文章題や数学遊戯に類するもの――これと○○算型式は原本『算法統宗』にない――
㈤ 開平、開立など、やや高級な数学――開平は平方根、開立は立方根――

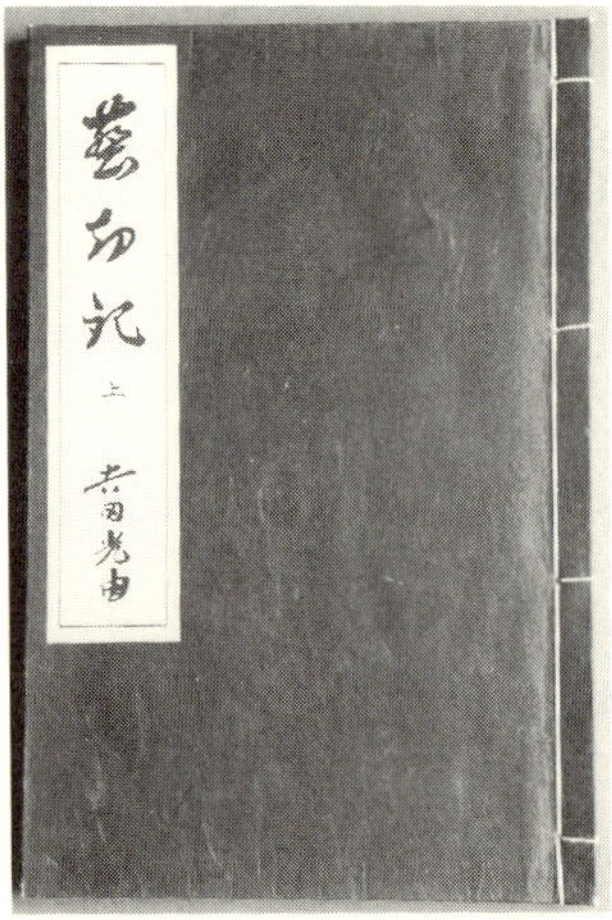

名著『塵劫記』の表紙

吉田家の家系図

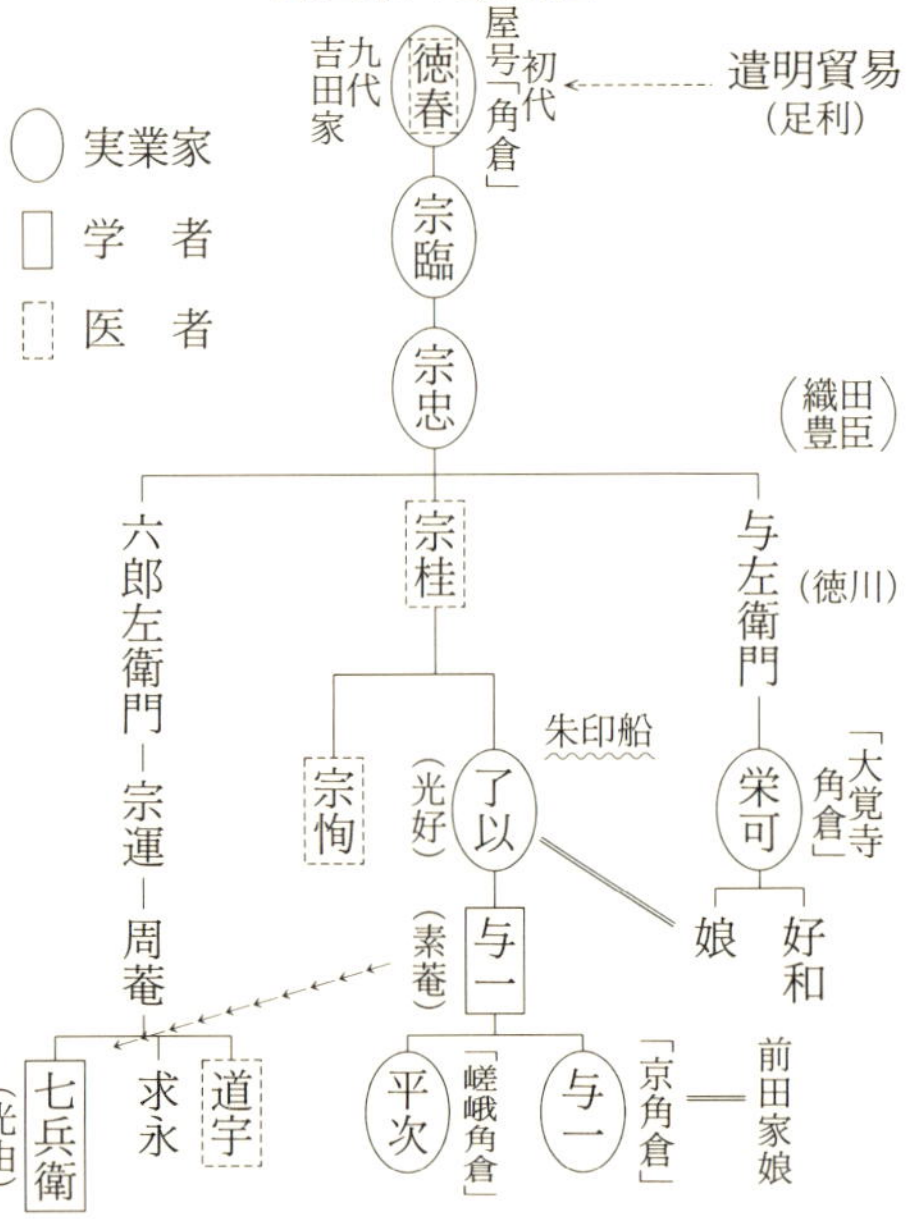

出版

印刷術発明以前は、本の出版には多額の費用が必要とされた。『塵劫記』では三色、四色の色刷りであるから、普通の数倍の版木が必要となるので、膨大な金額がかかったと思われる。

そうなると、ふつうの貧乏数学者や私塾、寺子屋の教師ではそんな財力はない。しかし、吉田光由は上の家系図で示すように、足利時代（一五世紀）から二〇〇年も続く大財閥で、本の印刷代などの費用はたいした額ではなかったのであろう。

後世への影響

江戸三〇〇年間に多くの類書が発行されたが、この時代に寺子屋の算術教科書として用いられ、日本人の教育レベル向上に大きな役割を果たし、明治の西欧文化そして『洋算』をすぐ吸収する力となった。また現代へも文章題「○○算型式」と基礎の参考になっている。

〝無用の用〟〝芸に遊ぶ〟

が、江戸時代の日本の数学――『和算』――の特徴であった。

幕府や各大名に仕える勘定方《がた》、天文・測量方などの専門職以外は、年齢、職業、地位を超えて、大名あり、武士、浪人から商工人、農民など、広く多くの人たちが、藩学校、私塾、寺子屋で学んだ『塵劫記』に触発されて和算を楽しんだのである。

無用であり、芸であったので、関孝和ほどの大家でも、和算家として生活することはできなかった。つまり応用性がないので、いわゆる「役に立たない」ものであった。そのため、江戸末期に伝来した西洋数学――『洋算』――によってアッという間もなく和算は追放されてしまうことになる。

洋算は、軍事や航海術などを学ぶ上で、不可欠の数学であったからである。

しかし、ジックリと日本庶民に浸透した和算の素地、素養が、一転して学んだ洋算をたちまちマスターし、これを吸収、利用して明治文化を築くのに役立てたのである。

荘子の言ではないが、やはり〝無用の用〟は有用な結果を生むのである。また、公孫竜のいう〝白馬は馬ならず〟が正論とならなかったように、〝和算は数学ならず〟も正しくはなかったのである。

二〇世紀に入って数学が大きく変ろうとしているとき、古代中国数学や和算をみなおすことも広く数学を考える上で大切なことと思う。

傍目八目

遊歴算家の人たち

わが国独特の数学『和算』が、短期間に日本中に広まった理由には、社会的な次の三つの特徴があったと考えられる。

㈠「参勤交代」で江戸詰めになった若侍たちが、退屈な時間を和算の勉強で使い、帰国したとき国元で人々に和算を教えたことから、全国に広まり、学ばれた。

㈡「遊歴算家」と呼ばれる人たちが、国内を巡り、数学試合をしたり、高名な数学者から学んだり、庄屋などに数学好きを集めてもらって教授し、旅費をかせいだり、という自由な生活をしながら広めた。

㈢和算家や数学愛好者は、武士に限らず、商人や農民あるいは浪人、ときに大名など幅広くいて、日本人が〝無用の用〟〝芸に遊ぶ〟という国民性をもつことを示した。

正規の教育機関として、寺子屋、私塾や藩学校などがあったが、「遊歴算家」という自由業の教育者が存在していたことに、大きな興味がある。

彼らは古代ギリシアのソフィスト、古代中国の老荘家と似ているといえよう。

解説・解答

※数学ミステリー②『答のない問題』
の〝遺題〟の解答もふくむ。

第 1 章　竜馬と神亀の謎とパズル

(25 ページ)

1．四方陣

1	15	14	4
12	6	7	9
8	10	11	5
13	3	2	16

各和は 34

2．円　陣

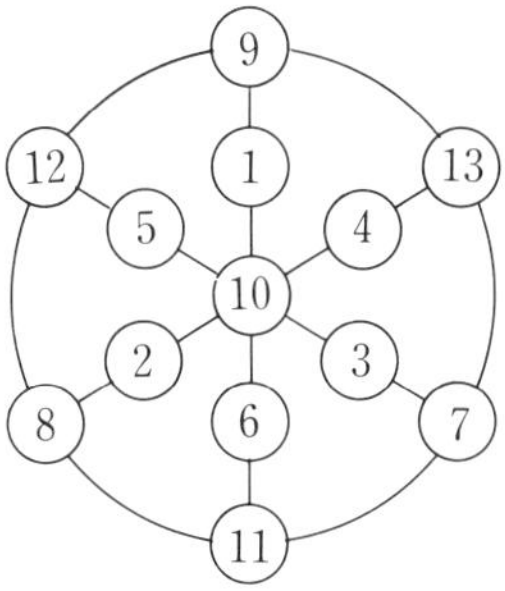

各和は 37

3．星　陣

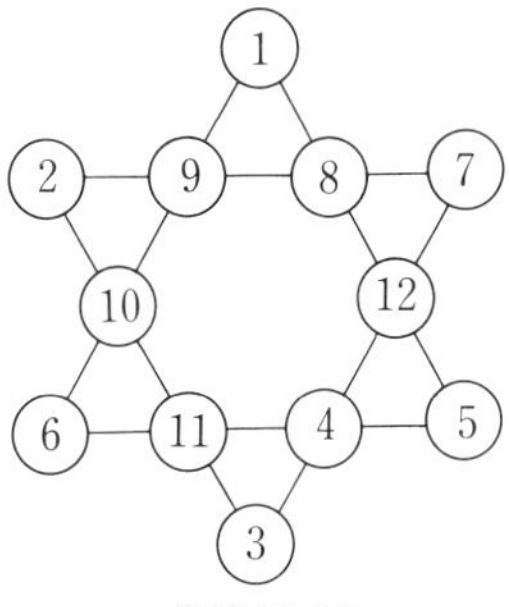

各和は 26

(30 ページ)

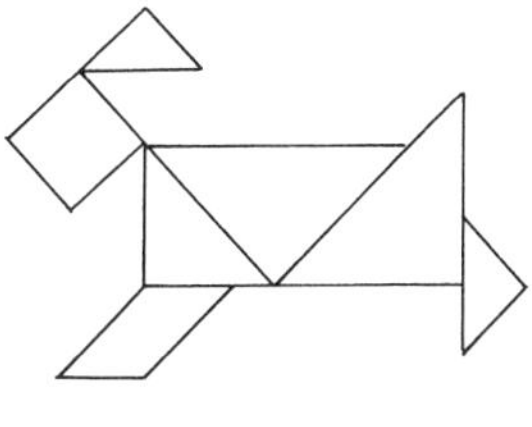

犬

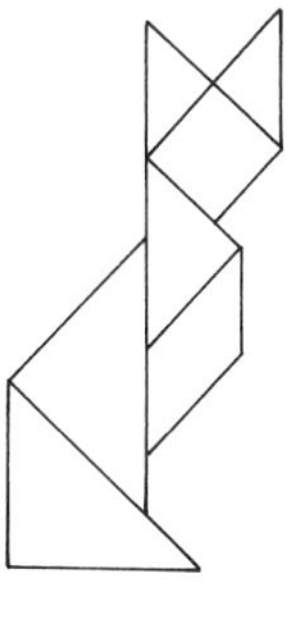

猫

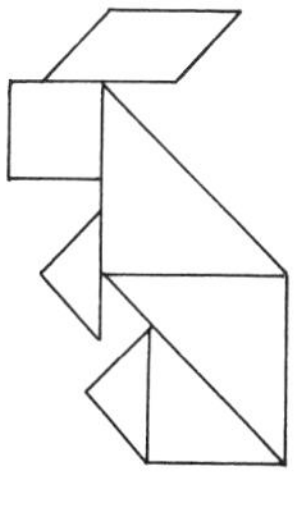

兎

ロウソク

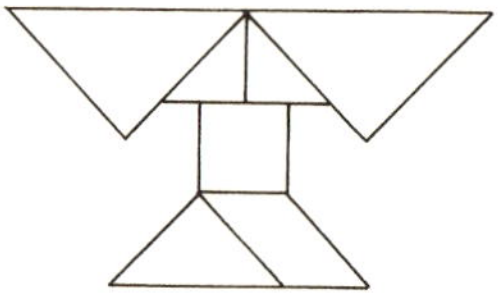

果物皿

あひる

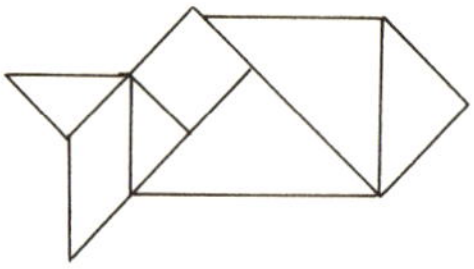

金魚

わし

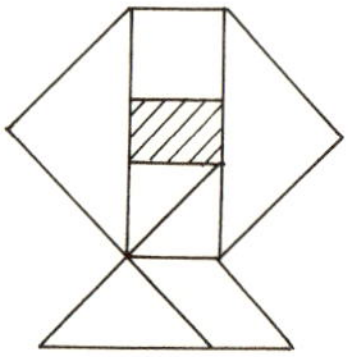

時計

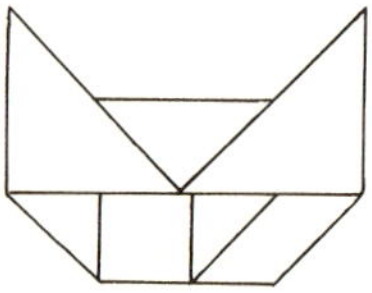

おぼん

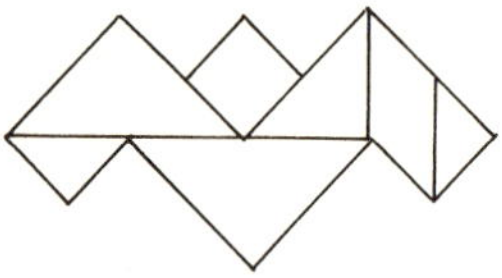

こうもり

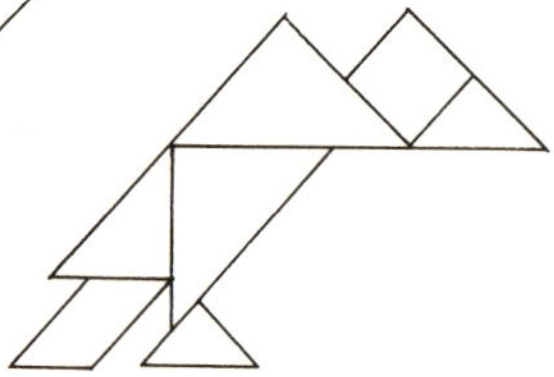

コンドル

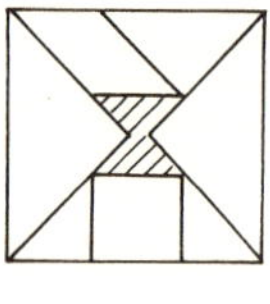

箱

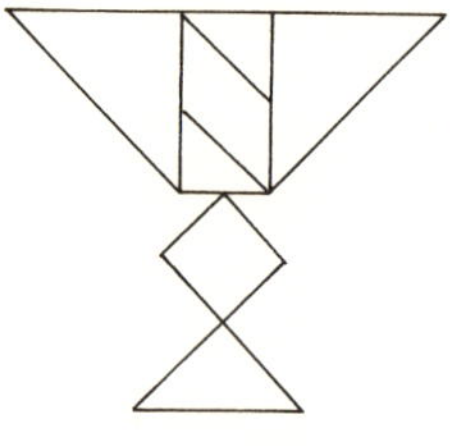

ワイングラス

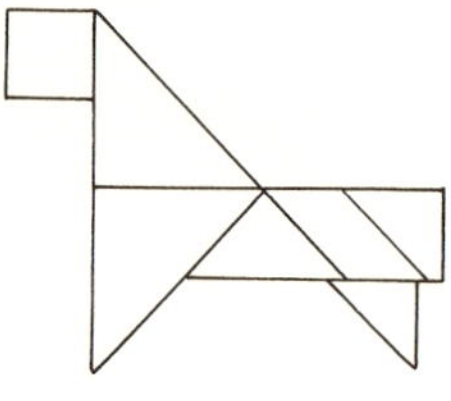

オットセイ

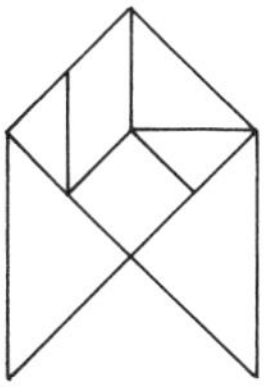
矢　印

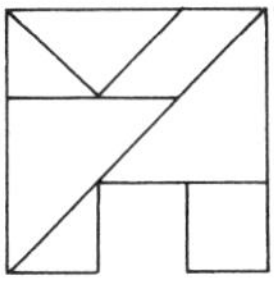
台

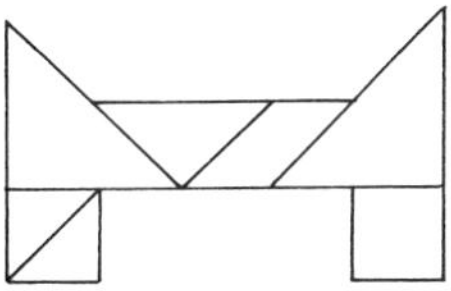
腰かけ

(44 ページ)

・一誹二笑三惚四風邪（くしゃみの数）

・三材四調子五味（料理）　　・三大平原四大盆地（地形）

・四美五誹（生活態度）――誹は道徳，秩序など――

第 2 章　〝百家争鳴〟の五百年とその論理

(72 ページ)

(問 1)　1 は自然数の出発点。

(問 2)　公約数と公倍数は正の整数の性質についてのものなので，負の数では考えない。

(問 3)　$0 \div 0 = a(a \neq 0)$ とすると，$0a = 0$ となり，a はどんな数でもよい。(不定)

(問 4)　広い意味では，$\ell /\!/ m$，$\ell \perp n$ といえる。しかし，狭い意味では，「ℓ，m は平行の位置関係」「ℓ，n は垂直の位置関係」にあるという。

(問 5)　①～③のどれも正しいが，場合によって使いわけている。たとえば，「円と直線の交点」というときは，①。円の面積といえば，③。内部，外部の区別では，②。

第 3 章　『西遊記ランド』の夢と西域地図

（91 ページ）

洋服，洋書，洋食，洋館，洋式など

（102 ページ）

東京ディズニーランドの公表では，方程式から 6000 円とでた。実際の入場者が園内で支払った金額は 9000 円強。理論値を 3000 円余り上回っていて経営順調といわれた。

第 4 章　〝三国志〟の中の戦略・術数

（109 ページ）

これは「関数の考え」である。別の例として，山の林の木の本数を数えるのに，短い縄をたくさん用意し，一本一本巻き，あとで縄をといて集めて数えることによって，木の本数を知る，というものがある。

また，千本のフォークをそろえるのに，10 本のフォークの重さを測り，それの 100 倍の重さ分のフォークを用意すればよい，というものもある。

「関数の考え」は実にいろいろな応用がある。

（122，123 ページ）

数学嫌いからみると，「こじつけ」と思われるが，数学の体系化，構成化では，例外がない方がよいので，「考えを拡張して例外も包含していく」というのが，数学の方法なのであり，それを理解することが大切である。

第 5 章　三千年の背景をもつ「算経」

（151 ページ）

実利を目的としないで，「無用の用」「芸に遊ぶ」の精神をいう。

古くは竹を使って計算したので，竹文化の１つでもある。

（153 ページ）

10 ふえるごとに新しい単位のある数の表し方で，別の表し方に，現代の 0 を用いた〝位取り（位置）記数法〞がある。

数学ミステリー②『答のない問題』の〝遺題〞の答

●ミステリーな図形

(1)　おばけ立体

円柱を下のように切ればよい。

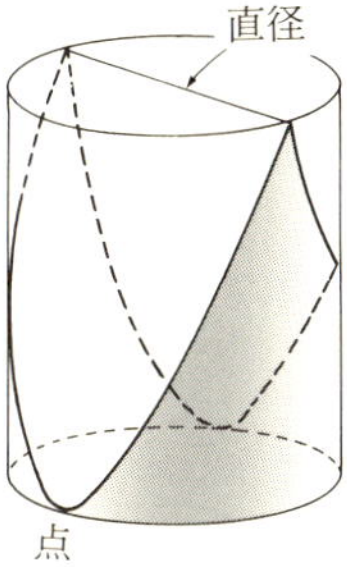

(2)　おばけ煙突

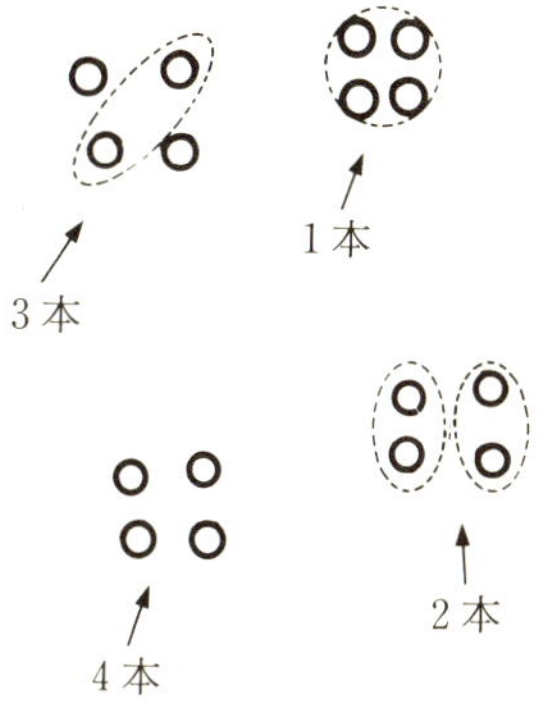

車窓からの位置で，4 本の煙突が 1 ～ 4 本にみえる。

（注）東京，千住火力発電所の「おばけ煙突」（1926～1964 年）は実在した有名なもの。

●ミステリーな球面

(1)　平行線のない世界リーマン幾何学（非ユークリッド幾何学）の世界で，「平行線は１本もない」を公理とした幾何学となる。

(2)　２点の最短距離

球面上の２点間の最短距離（直線）とは，２点を通る大円の曲線と定められている。大円とは，球の中心をふくむ切り口の緯線をいう。（赤道も大円）

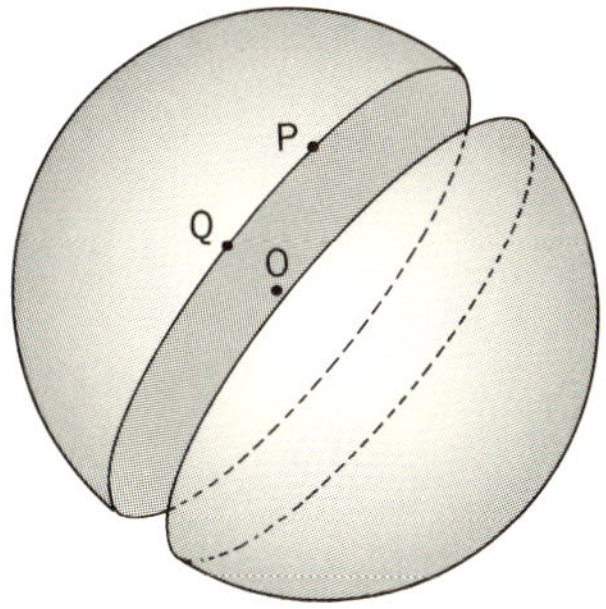

●ミステリーな道

(1)　愛する２人は会えるか

（方法１）エンピツで図内をたどって調べる。

（方法２）出入口のところから内部を墨でうめて（黒く塗りつぶして）たしかめる。

（方法３）A夫とB子を結ぶと，５本の線と交わる。交線が奇数のときは会えない。

（この図をゴム製と考え，出入口から息を吹き入れると，それは下の図と同じになる。）

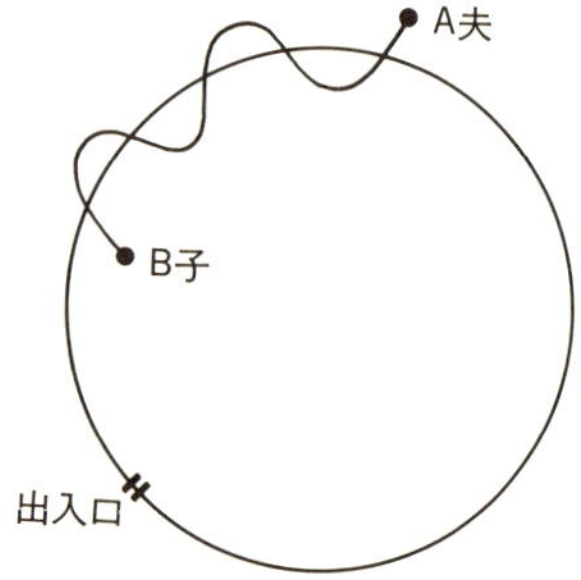

(2)　デートが終って結婚！

公園から駅までの９本の道から，縦の小道５本を選ぶので，135ページ（本書）の公式より，

$${}_9C_5=\frac{9\cdot8\cdot7\cdot6\cdot5}{5\cdot4\cdot3\cdot2\cdot1}=126$$

よって，結婚は126日後。

●ミステリー方形

(1)　三方向まるく収める

2	16	13	3
11	5	8	10
7	9	12	6
14	4	1	15

（和34）

(2)　利巧な６羽の鳥

縦，横，斜めのどれも２羽いない

本書の〝遺題継承〟

筆者は，中国旅行は3回おこない，その都度，中国数学教科書を初め，数学読み物，パズルなどを多数購入した。ここではその中の一冊『奇妙的九』（杨勇先著）の中から5問を出すことにしよう。ただし，〝遺題〟なので，解答は，世界数学遺産ミステリー④『メルヘン街道数学ミステリー』に掲載することになる。

（問1） A～Dの数字を求めよ。

$$\begin{array}{r} ABCD \\ \times \quad\quad 9 \\ \hline DCBA \end{array}$$

（問2） 各漢字に当てはまる数字を求めよ。

$$\begin{array}{r} \text{我们热爱科学} \\ \times \quad\quad\quad \text{学} \\ \hline \text{好好好好好好} \end{array}$$

（問3） 次の式が成り立つxを求めよ。

$$99+\frac{99}{x}=99\times\frac{99}{x}$$

（問4） 次の数を分数で表せ。

① 0.371371…

② 0.5282828…

（問5） 下の図のx°の大きさを求めよ。

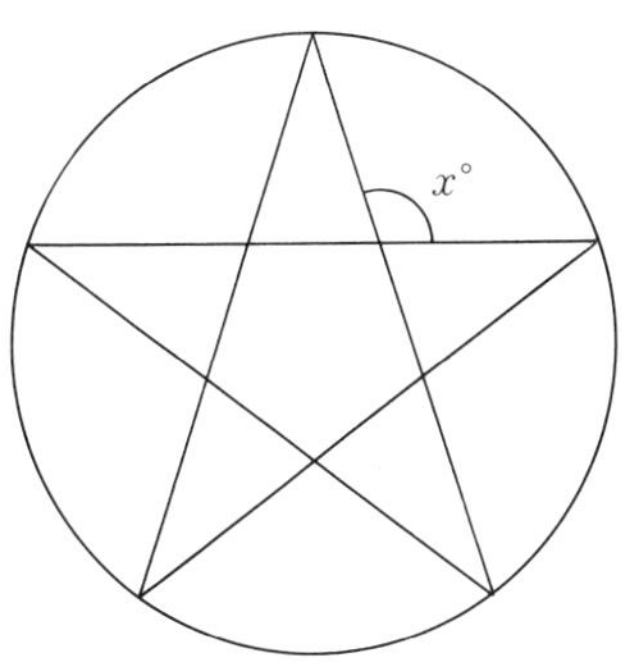

（付録）　中華人民共和国分省地図

著者紹介

仲田紀夫

1925年東京に生まれる。

東京高等師範学校数学科，東京教育大学教育学科卒業。(いずれも現在筑波大学)

(元) 東京大学教育学部附属中学・高校教諭，東京大学・筑波大学・電気通信大学各講師。

(前) 埼玉大学教育学部教授，埼玉大学附属中学校校長。

(現)『社会数学』学者，数学旅行作家として活躍。「日本数学教育学会」名誉会員。

「日本数学教育学会」会誌 (11年間)，学研「会報」，JTB 広報誌などに旅行記を連載。

NHK 教育テレビ「中学生の数学」(25年間)，NHK 総合テレビ「どんなモンダイQてれび」(1年半)，「ひるのプレゼント」(1週間)，文化放送ラジオ「数学ジョッキー」(半年間)，NHK『ラジオ談話室』(5日間)，『ラジオ深夜便』「こころの時代」(2回) などに出演。1988年中国・北京で講演，2005年ギリシア・アテネの私立中学校で授業する。2007年テレビ「BS ジャパン」『藤原紀香，インドへ』で共演。

主な著書：『おもしろい確率』(日本実業出版社)，『人間社会と数学』Ⅰ・Ⅱ (法政大学出版局)，正・続『数学物語』(NHK 出版)，『数学トリック』『無限の不思議』『マンガおはなし数学史』『算数パズル「出しっこ問題」』(講談社)，『ひらめきパズル』上・下『数学ロマン紀行』1～3 (日科技連)，『数学のドレミファ』1～10『世界数学遺産ミステリー』1～5『おもしろ社会数学』1～5『パズルで学ぶ21世紀の常識数学』1～3『授業で教えて欲しかった数学』1～5『ボケ防止と“知的能力向上”！ 数学快楽パズル』『若い先生に伝える仲田紀夫の算数・数学授業術』『クルーズで数学しよう』(黎明書房)，『数学ルーツ探訪シリーズ』全8巻 (東宛社)，『頭がやわらかくなる数学歳時記』『読むだけで頭がよくなる数のパズル』(三笠書房) 他。
上記の内，40冊余が韓国，中国，台湾，香港，タイ，フランスなどで翻訳。

趣味は剣道 (7段)，弓道 (2段)，草月流華道 (1級師範)，尺八道 (都山流・明暗流)，墨絵。

中国四千年数学《ちゅうごくよんせんねんすうがく》ミステリー

2007年7月7日　初版発行

著　者　仲《なか》田《だ》紀《のり》夫《お》
発行者　武馬久仁裕
印　刷　株式会社太洋社
製　本　株式会社太洋社

発行所　株式会社　黎《れい》明《めい》書《しよ》房《ぼう》

〒460-0002　名古屋市中区丸の内3-6-27 EBS ビル ☎052-962-3045
FAX052-951-9065　振替・00880-1-59001
〒101-0051　東京連絡所・千代田区神田神保町1-32-2
南部ビル302号　☎03-3268-3470

落丁本・乱丁本はお取替します。　ISBN978-4-654-00943-5